纤维缠绕复合材料结构渐进失效分析与可靠性评估

张晓军　刘文婷　范士锋　著

（"国家自然科学基金"资助项目）

西北工业大学出版社

西安

【内容简介】 本书以固体火箭发动机(SRM)复合材料壳体结构为代表的纤维增强复合材料结构为应用对象,系统阐述了纤维缠绕复合材料结构破坏的特点和机理,破坏过程中损伤模式及累积演化规律,复合材料结构渐进失效建模与分析,以及考虑随机因素的复合材料结构可靠性建模与评估,并给出典型结构的验证考核。

本书可供从事导弹/航天、航空飞行器结构设计与分析的科研和技术人员阅读,也可供从事复合材料、结构可靠性相关专业的工程和技术人员参考。

图书在版编目(CIP)数据

纤维缠绕复合材料结构渐进失效分析与可靠性评估/张晓军,刘文婷,范士锋著 . —西安:西北工业大学出版社,2018.4
ISBN 978 - 7 - 5612 - 5947 - 4

Ⅰ.①纤… Ⅱ.①张… ②刘… ③范… Ⅲ.①固体推进剂火箭发动机—壳体(结构)—复合纤维—复合材料—研究 Ⅳ.①V435

中国版本图书馆 CIP 数据核字(2018)第 072702 号

策划编辑:华一瑾
责任编辑:华一瑾

出版发行:西北工业大学出版社
通信地址:西安市友谊西路 127 号   邮编:710072
电　　话:(029)88493844   88491757
网　　址:www.nwpup.com
印 刷 者:陕西金德佳印务有限公司
开　　本:850 mm×1 168 mm   1/32
印　　张:4
字　　数:104 千字
版　　次:2018 年 4 月第 1 版   2018 年 4 月第 1 次印刷
定　　价:18.00 元

前　　言

复合材料由于其优异的性能,自 20 世纪 60 年代问世以来,被越来越广泛地应用于导弹武器和航天领域中。纤维缠绕复合材料壳体结构具有自动化程度高、可以整体成型等优点,已在我国固体导弹发动机壳体中得到普遍应用。目前,国内外对固体导弹发动机复合材料壳体结构的破坏机理尚不完全清楚,对其极限承载能力的分析仍然非常保守,对于其可靠性评估更是没有一个普遍认可的、科学合理的标准,这严重地影响了导弹武器装备质量的发展。因此,如何对纤维缠绕复合材料壳体结构进行失效分析和可靠性评估,已成为亟需解决的难题。

本书针对以上存在的问题,从复合材料结构破坏及机理入手,比较系统全面地阐述了纤维增强复合材料结构破坏的特点、机理、破坏过程中损伤模式及累积演化规律,提出基于渐进失效的复合材料结构损伤累积演化模拟、极限承载能力分析以及基于概率渐进失效的结构可靠性建模与分析,并给出典型结构的验证考核。对于固体火箭发动机(Solid Rocket Motor,SRM)复合材料结构破坏机理的认识、最终承载能力分析(或爆破压强预估)以及结构可靠性的评估提供了有效的途径和方法。

本书是笔者在复合材料及结构失效分析、结构可靠性评估方面近 5 年来深入探索研究,并在参阅国内外已有资料和前人成果的基础上,经分析论证撰写而成的,是在解决实际工程问题中的经验积累和凝练。截至目前,国内外尚未发现从失效物理角度较系统阐述复合材料结构失效及可靠性的专著。本书内容是国家自然科学基金项目(51605480,11302249)的成果之一,希望本书的出版对复合材料结构失效分析与可靠性评估领域及科研、生产和教学有一定的参考价值。

写作本书曾参阅了相关文献资料,在此,谨向其作者深表谢意。

由于水平有限,书中疏漏与不妥之处在所难免,希望广大读者批评指正。

著　者

2017 年 10 月

目　　录

第 1 章 绪 论

1.1 引 言

现代战争和外层空间探索的发展，以及导弹、航天器严峻的工作环境，都对材料性能提出更加苛刻的要求，这种需求有力地推动着宇航材料的发展。随着材料的更新换代，导弹和航天器的性能，在近40年有了飞跃的发展，最明显的例子是复合材料的出现，它使导弹和航天器的面目为之一新[1]。

与传统的金属材料相比，复合材料具有很多显著的优点[3-5]，例如比强度和比模量高、抗疲劳性能好、成型工艺好等。由于以上优异的性能，复合材料自20世纪60年代问世以来，被越来越广泛地应用于导弹武器和航天领域中[5]，例如可作为固体火箭发动机燃烧室和喷管壳体材料，将逐步代替传统的金属材料结构，比较典型的有复合材料发射筒、各种网状结构及各种压力容器，国外甚至已将复合材料的应用拓展到液体航天动力领域。

纤维缠绕复合材料壳体结构是复合材料应用中非常成功的例子，它是由高强度纤维，如玻璃纤维、Kevlar 纤维和碳纤维等，与树脂基体在一定形状的芯模上缠绕而成的壳体结构。20世纪60年代，被作为发动机壳体首次应用到美国的北极星新型导弹上，并获得成功。由于其具有缠绕工艺简单，易实现机械化和自动化，尺寸不受限制，可以整体成型等优点，20世纪70年代中期这种结构得到迅速发展。随着 Kevlar 纤维、碳纤维的出现和应用，许多固体火箭发动机、液体推进剂贮箱以及固体导弹发射筒等都采用了纤维缠绕壳体结构[5]。表 1.1 列出了复合材料在美、俄部分远程导弹发动机壳体中的应用情况[1]。目前,我国现役战略型号导弹有部分发动机已采用纤维缠绕复合材料壳体结构,在研和预研型号也将大量采用复合材料壳体结构。可以说,采用纤维缠绕的固体火箭发动机壳体结构已成为我国固体战略导弹发动机结构的发展趋势。

表 1.1　美、俄部分远程导弹发动机壳体应用复合材料情况

导弹名称	民兵 IB	北极星 A–3	SS–20	MX	SS–25	三叉戟 ⅡD–5
服役时间	1974 年	1967 年	1977 年	1986 年	1985 年	1989 年
壳体材料	钢-钛-玻璃纤维/环氧	玻璃纤维/环氧	玻璃纤维/环氧	有机纤维/环氧	有机纤维/环氧	碳纤维/环氧

尽管这种复合材料结构在工程上的应用日益广泛,但由于复合材料本身以及纤维缠绕发动机壳体所具有的复杂性,仍然存在许多问题需要解决。其复杂性主要表现在三方面:第一,纤维缠绕发动机壳体结构十分复杂[6]。从材料上讲,它包括纤维缠绕复合材料、金属材料以及橡胶弹性材料;从结构上讲,它包括前后堵盖、前后接头、前后封头、前后裙及圆筒段等(见图 1.1);第二,发动机壳体的受载情况比较复杂,其载荷可以分为以下几种类型:①结构在转运过程中所受的载荷,它包括外压、轴向载荷和弯矩载荷;②内压载荷,它包括水压试验和发动机工作过程中所受的载荷;③惯性载荷,它包括发射和飞行、外压、轴向载荷和弯矩;④发动机壳体还会受到气动加热、工作介质燃烧加热以及核辐射等载荷;第三,纤维缠绕复合材料本身具有复杂性,如多相性、非均匀性和各向异性等。

此外,由于复合材料的发展历史较短,加工工艺上积累的经验不够,在制造过程中,由于工艺本身以及环境中杂质进入等因素,导致纤维缠绕复合材料发动机壳体结构内部不可避免地存在一些缺陷;

在运输、贮存和使用过程中,受到各种载荷的作用,纤维缠绕发动机壳体会产生基体开裂、基体/纤维界面脱黏、分层以及纤维断裂等损伤,而且各种损伤常常相互交织在一起,当损伤达到一定程度时,会使结构的强度和刚度明显下降,进而引起结构整体破坏。

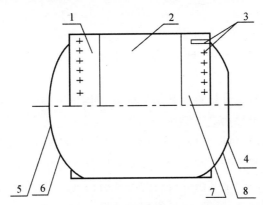

图 1.1   纤维缠绕发动机壳体结构图

1—前裙;2—筒段;3—变形协调槽;4—后接头;

5—后接头;6—前封头;7—后裙;8—后封头

综上所述,由于纤维缠绕发动机壳体结构的复杂性、受载的复杂性、材料的复杂性和复杂的损伤情况,以及壳体结构和材料的非线性,尽管其已经被广泛应用,但是设计者对复合材料结构极限承载能力的分析仍然十分谨慎甚至非常保守,对强度问题的处理,常常还是采用边制造、边试验的方法,并且留有相当的强度储备。这说明了一个事实:目前的复合材料强度理论还不是十分成熟,并不足以用来指导工程设计[7],因此有必要对纤维增强复合材料结构的破坏机理进行探索,研究其失效过程,预测其最终承载能力,以指导设计,加强应用。

另外,纤维缠绕固体火箭发动机壳体作为一种特殊的产品,无论对于工业部门(设计制造方)还是部队(使用方)都存在一个质量评价的问题,可靠性就是其中的一个重要指标。迄今为止,由于国内外对复合材料破坏机理尚不清楚及强度理论的不成熟,没有一个普遍认可的科学合理的可靠性评估标准。显然,工业部门的那种边制造、边试验过程中采用的安全系数法是不可取的。这种现状严重影响了我国导弹武器装备质量的发展。因此,如何对这种纤维缠绕复合材料壳体结构进行可靠性评估已成为一个迫在眉睫亟需解决的重大难题。

1.2 复合材料及其结构失效研究现状

本节针对复合材料及其结构失效的国内外研究现状,分别从细观和宏观两个层面进行综述。

(1)复合材料层合板细观失效研究。对复合材料及其结构细观失效研究的理论分析和实验研究是从层合结构开始的。复合材料结构的失效(破坏)是其组分材料的各种损伤,包括基体开裂、界面的脱黏、分层和纤维断裂等,逐步累积的结果,如图 1.2 所示。因此,需要对各种损伤在复合材料结构失效中的影响进行研究。

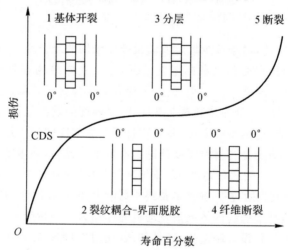

图 1.2 复合材料结构失效过程中的损伤

基于复合材料层合板中基体开裂的研究理论很多,有一维剪滞模型、自相容模型等。研究者利用不同的假设和从不同的研究视角,得出了各自的研究结论。Bailey 给出了正交对称层合板中基体横向裂纹间距和轴向刚度的关系式。Hashin 考虑了横向裂纹和纵向劈裂同时出现的情况,得出了轴向模量的下限估计值。范镜泓研究了任意铺层的层合板刚度,损伤和外力的关系。Zhu 和 Achenbach[9] 对复合材料层合板基体开裂和界面失效进行了分析。Gamby 和 Rebiere[10] 研究了大量基体开裂情况下复合材料层合板的应力场状态。

研究复合材料层合板中纤维的断裂规律,并推断层合板的强度性能是复合材料力学界关注的课题之一。Rosen[11] 利用概率理论将复合材料单层板视为 M 节链环组成,根据单根纤维强度分布规律,得到复合材料单层板失效强度的理论预报值。其后,许多学者在 Rosen 方法基础上加进"裂纹扩展"和"应力集中"等更符合实际破坏状态的因素,推导复合材料层合板强度。另外,夏源明采用损伤均匀化假设,研究了含损伤因素的复合材料本构关系及强度预报。Fukuda 采用 Monte Carlo 模拟方法,也得到了基于损伤因素的应力应变本构关系和强度预报值。

纤维与基体界面脱黏和分层也是复合材料层合板细观损伤的重要形式。Budiansky[12] 研究了界面性能对基体开裂的影响。Hsueh[13] 指出纤维强度和界面强度配比是影响复合材料强度的重要原因。Wang[14] 采用能量方法,描述了各种载荷作用下分层扩展情况。Brien[15] 确定了边界分层时的临界能量释放率。

上述研究者的工作都在寻找复合材料细观损伤规律,以及由此对材料宏观性能的影响。但是,由于几乎所有的结论都是在各种理想化的假设下获得的,因而很难解释复合材料的破坏过程。

(2)复合材料结构宏观失效的研究现状。关于复合材料结构的失效有两种不同的假定:首层失效假定(First-Ply Failure,简称FPF)和最终层失效假定(Last-Ply Failure,简称LPF)。

首层失效假定认为层合板结构是由各单元板串联组成的系统,单层板中任何一层的失效都被视为系统的失效。当复合材料结构被用作密封性较高的压力容器时,这种假定比较合理。对于承载结构来讲,则不然。例如作为固体火箭发动机燃烧室的纤维缠绕壳体结构,其内压检验时的声发射计数率与内压强的关系[16]如图 1.3 所示,声发射特性曲线分三个阶段:早期声发射峰阶段、平静阶段和爆破阶段。在早期声发射峰阶段,随着内压的增加,开始出现声发射信号,在内压强 $P=P_i$ 时,声发射计数率达到高潮,并伴有"噼噼啪啪"的响声,壳体表面出现沿纤维方向的裂纹,这是树脂的开裂;随着内压的继续增加,进入平静阶段,声发射活动逐渐减少,树脂开裂也减少,仅伴有少量纤维的脱胶或断裂;当 $P=P_r$ 时,声发射信号又开始增加,直至壳体爆破,声发射信号又出现第二个高峰,这一阶段的声发射信号多是由纤维的大量断裂引起。

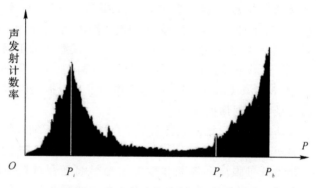

图 1.3　声发射计数率与内压强的关系

以上实验现象表明,纤维缠绕壳体的失效是一个伴随树脂开裂、纤维和树脂脱胶、分层及纤维断裂的损伤累积的过程,仅仅树脂开裂、纤维和树脂脱胶或分层不会导致壳体的爆破。国内外研究表明 $P_i=\alpha P_b$,α 由实验确定,一般取 $\alpha=0.15\sim0.2$,这说明采用首层失效假设对纤维缠绕壳体结构进行失效(破坏)分析是相当保守的。认识到这一点,研究者采用不同的方法研究复合材料结构的这一特殊的失效过程。

段登平等[17]对纤维缠绕壳体进行了宏细观力学性能研究及非

线性分析,根据实验值用线性回归方法确定了横向及剪切非线性常数,得到了复合材料宏观非线性本构关系。孙雪坤等[18]对纤维缠绕壳体进行了应力计算与失效分析,对失效单元进行了刚度衰减,认为横向拉压失效后,横向模量降为零,纵向拉压或剪切失效后,纵向及剪切模量降为失效前的 30%,文中没有实验作为依据。Rotem[19]和Tsai[20]对角铺设层合板的破坏模式进行了研究,给出了横向及剪切非线性的本构关系和实验结果。Amijima 和 Adachi[21]采用分段线性的 $(G_{12})_n$ 曲线、叠层本构关系以及 Tsai - Hill 强度准则研究了$[0/\pm\theta]_s$,$[0/\pm90]_s$ 叠层板的破坏,用单向层板的非线性应力-应变曲线成功地预测了各种铺层的叠层板应力-应变关系。Doh 和Hong[22]对初始损伤后的损伤扩展及纤维缠绕压力容器爆破压力进行了预测,破坏准则中考虑了刚度衰减,模型中认为损伤后纵向模量按 Weibull 分布衰减。Uemura 和 Fukunaga[23]建议在复合材料层板应力分析过程中,将第一破坏单层的基体降级使用,用 $0.4E_m$ 计算,相当于 E_2 降至 $0.56E_2$,G_{12} 降至 $0.44G_{12}$,E_1 和 γ_{12} 保持不变,再计算次一级的后续破坏。

总的来讲,目前对于复合材料结构的失效分析在工程应用上还处于宏观层面;大部分研究能够基于最终层失效假设,考虑损伤后结构的承载能力,但这些研究主要针对层合板结构;关于损伤后复合材料结构的刚度退化以及失效准则的选择依然不成熟。

1.3　复合材料结构可靠性研究现状及发展趋势

当前,研究者已对该领域进行了大量研究工作。文献[24 - 33]对于如何将概率统计理论应用于描述单向纤维复合材料强度分布进行了探讨性的研究。Scop 和 Argon[34]尝试利用平行系列模型来描述复合材料随机破坏过程中纤维之间的相互作用。Zenben 和 Rosen[35]用累积衰减模型分析了复合材料的复杂随机破坏过程。Wu,Chou[36]和 Zwaag[37]基于最弱键理论探讨了 Weibull 概率分布函数对纤维强度随机分布的描述。文献[38-40]尝试将 Monte-Carlo 模拟与剪滞模型等应力分析方法相结合,从细观力学角度分析了单向 CFRP 复合材料拉伸强度的分布及其破坏过程。King[41]用概率统计方法对纤维缠绕复合材料和金属材料的性能分布进行了对比分析,得出前者性能分布的离散程度远远大于后者的结论。Gao[42]研究了受面内载荷作用下复合材料单向板的可靠性。文献[43-50]对单向复合材料纤维体积比对其强度离散性的影响作了大量理论及实验研究。李强、周则恭[51]采用结合对偶抽样的 Monte Carlo 法求解了碳纤维复合材料单层板的可靠度。

一些研究人员对不同载荷下、具有各种不同随机参数的复合材料层压板可靠性进行了研究。Sun,Yamada[52]和 Cederbaum 等[53]研究了平面载荷作用下强度作为随机参数的复合材料层压板的失效概率。Cassenti[54]研究了基于 Weibull 最弱连接假设的复合材料层压梁和层压板的首层失效概率及失效区域。Kam 和他的助手们[55,56]及 Engelstad 和 Reddy[57]研究了确定的和随机的横向载荷作用下线性和非线性复合材料层压板的可靠度。Gurvich 和 Pipes[58]采用多步失效法研究了弯曲复合材料层压梁的失效概率。Lin 等[59]给出了弯曲失效模式和/或首层失效模式下,具有随机材料特性的复合材料层压板的可靠性分析程序。Hasofer 和 Ang 等[60-61]首次将一次二阶矩法用于复合材料层合板的可靠性分析中,并将结果与 Monte-Carlo 模拟所得结果进行了比较,二者吻合较好。Engelstad,Nakagiri 和 Hong 等[62-64]将纤维缠绕角及材料性能作为基本随机变量,在一阶剪切变形理论的基础上应用随机有限元法模拟了复合材料层合结构的可靠性分析,极大推动了复合材料结构可靠性分析理论的发展。Beakou[65]编制 ANSYS 有限元软件对复合材料圆管结构的纤维缠绕角进行了优化模拟,并研究了各设计变量随机分布对最佳缠绕角的影响。Lin[66]分别应用 Monte-Carlo 法和一次二阶矩法对受横向载荷作用的复合材料层合板进行了可靠性预测,并探讨了几种强度准则对复合材料层合板可靠性分析的适用性。Wu 等研究人员[67]采用 Monte-Carlo 法获得复合材料层的不同强度,然后基于 Tsai-Hill 或 Tsai-Wu 准则使用这些强度计算复合材料首层失效概率。Frangopol 和 Recek[68]研究了承受横向随机载荷的纤维加强复合材料层压板可靠性,采用 Tsai-Wu 失效准则预测失效载荷,通过 Monte-Carlo 法计算失效概率。在国内,羊羚、马祖康[69]首先提出用全量载荷法计算复合材料层压板的可靠度,并进一步提出变刚度全量载荷法[70]计算由复合材料和金属材料组成的混合材料的可靠度。宋云连、李树军和王善[71]采用随机有限元法结合改进的一次二阶矩法,对加强纤维复合材料板结构进行了可靠性分析。陈念众、张圣坤和孙海虹[72]给出了复合材料船体纵向极限强度可靠性分析。许玉荣,陈建桥等人[73]采用遗传算法对复合材料层压板的可靠性优化问题进行了分析。

目前,对于纤维缠绕复合材料压力容器的可靠性分析与设计的相关文献很少。其中,由设计变量引起的应变与爆破压力的分散性已在许多试验中观察到[74-77]。Cohen[78]指出,对于材料性能的随机分布进行概率统计分析,是进行复合材料压力容器结构设计的前提和基础。Rai 和 Pitchumani[79]尝试利用应力—强度干涉模型以束纱强度作为纤维基本强度对复合材料压力容器进行了可靠性分析,并首次探讨了纤维体积比对复合材料压力容器强度的影响,但理论结果颇具争议。

综上所述,目前对于复合材料结构可靠性研究主要体现在以下两方面:一是对纤维、单向板强度的分布统计和分散性分析;二是简单层合板(梁)在不同载荷(主要是面内载荷和弯曲载荷)作用下的失效概率。值得注意的是,所涉及的参考文献中除个别考虑了后损伤情况外,绝大部分是以首层失效假设为基础进行概率计算的。对于承载结构,基于首层失效假设的分析是非常保守的,因此进一步的研究方向是将概率统计分析与基于最终层失效假设的失效演变分析相结合,以获得复合材料结构的极限承载能力的分布,并计算其失效概率。

第2章 复合材料及其结构力学分析

复合材料的主要特点是有较高的刚度性能和强度性能,复合材料的力学分析工作主要就是针对复合材料及其结构进行有关刚度和强度性能的分析[80],本章首先对复合材料缠绕工艺及特点进行简要介绍,然后对对复合材料及其结构力学分析的基本理论和方法进行系统地分析和阐述。

2.1 复合材料纤维缠绕工艺与特点

纤维缠绕成型工艺是一种较为常用的复合材料成型方法,它是在设定的纤维张力和线型的前提下,将浸渍树脂的连续纤维(或布带、预浸纱)在相应的芯模或内衬上按照一定规律进行连续缠绕,缠绕完成后按照一定条件进行固化,最终形成纤维缠绕复合材料制品。根据纤维缠绕成型时树脂基体的物理化学状态不同,分为干法缠绕、湿法缠绕和半干法缠绕三种。其中,湿法缠绕应用最为普遍,干法缠绕仅用于高性能、高精度的尖端技术领域。纤维缠绕成型主要有以下优点。

(1)能够按产品的受力状况设计缠绕规律,使能充分发挥纤维的强度。

(2)比强度高。一般来讲,纤维缠绕压力容器与同体积、同压力的钢质容器相比,质量可减轻 40%～60%。

(3)可靠性高。纤维缠绕制品易实现机械化和自动化生产,工艺条件确定后,缠出来的产品质量稳定,准确。

(4)生产效率高。采用机械化或自动化生产,需要操作工人少,缠绕速度快(240 m/min),故劳动生产率高。

(5)成本低。在同一产品上,可合理配选若干种材料(包括树脂、纤维和内衬),使其再复合,达到最佳的技术经济效果。

缠绕规律是指导丝头与芯模之间的相对运动规律。虽然缠绕制品多种多样,缠绕形式也千变万化,但缠绕规律基本上可以分为环向缠绕、纵向缠绕和螺旋缠绕 3 类。缠绕规律的研究主要采用标准线法和切点法:标准线法的基本点就是通过容器表面的某一特征线——"标准线"来研究制品的结构尺寸与导丝头和芯模之间的相对运动的规律。切点法是通过对极孔上纤维切点分布规律的研究,从而分析芯模转角与线型、转速比之间的关系。实际中,切线法应用较多,下面采用切点法对螺旋缠绕规律进行分析。

(1)切点数与线型关系。线型简单地讲就是指纤维在芯模表面的排布形式。使纤维均匀缠满芯模表面,需要若干条由连续纤维形成的标准线,标准线的排布形式,决定了芯模表面纤维的缠绕特征。这些缠绕特征通常包括反映缠绕花纹特征的纤维交叉点、交带及其分布规律。

螺旋缠绕过程中纤维在芯模极孔圆周处形成的切点按数量分为单切点和多切点两种。单切点是指在出现与初始切点相邻的切点前芯模极孔圆周处只存在一个切点,该切点不仅与初始切点位置相邻时序上亦相邻。多切点即在出现于初始切点相邻切点前芯模极孔圆周处存在两个及以上的切点,且与初始切点位置相邻的点在时序上不相邻。当切点数大于 2 时,切点的排布顺序不是唯一的。

纤维螺旋缠绕时,若要铺满芯模表面必须满足以下两个条件。

1)芯模极孔圆周处的切点呈均匀分布,即在一个完整的纤维缠绕循环中芯模转过的角度被切点数等分。

2)前后两个完整的纤维螺旋缠绕循环所对应的纱片在筒身段错开的距离等于一个纱片的宽度。

设导丝头往返一次对应的芯模转角为 θ_n,若要使纤维有规律的铺满芯模表面,其必须满足:

$$\theta_n = (K/n + N) \times 360° \pm \Delta\theta_n \tag{2.1}$$

式中, n 为切点数, $\Delta\theta$ 为一微小增量。

完整循环中,切点数不同,则纤维排列位置、花纹特征(交叉点数、交带、节点数)不同,即线型不同,导丝头往返一次的芯模转角也不同。同样的,若纤维缠绕过程中切点数相同但切点的出现顺序不同,线型与导丝头往返一次的芯模转角也不同。综合分析可知,缠绕线型与导丝头往返一次的芯模转角具有严格对应的关系。由此可以用下式对线型定义为

$$S_0 = \frac{\theta_n}{360^\circ} = \frac{K}{n} + N \qquad (2.2)$$

(2)转速比。芯模与导丝头之间的运动规律可以用转速比来表述。转速比定义为在一个完整的缠绕循环中,芯模转数与导丝头往返次数之比为

$$i_0 = \frac{M}{n} \qquad (2.3)$$

式中, M 为芯模转数。

虽然线型与转速比是两个完全不同的概念,但是线型与转速比有着严格的对应关系,因此定义线型在数值上等于转速比,即 $i_0 = S_0$。

(3)纤维位置稳定的条件。由前面的分析可知,螺旋缠绕中符合纤维均匀布满芯模表面条件的芯模转角并不是唯一的。但对一个确定的产品而言,并不是所有的芯模转角都合适,当纤维在芯模封头曲面上的位置不稳定时有可能出现纤维滑线的现象。为避免出现纤维滑线,必须使纤维位于芯模封头曲面测地线上,这称为纤维位置稳定的条件。纤维位置稳定的条件要求在每束纤维都应该缠绕在芯模表面的测地线上。

在芯模筒段,任意缠绕角度的螺旋线都是测地线;在封头处满足测地线条件的缠绕角度可以用下式计算,即

$$\sin\alpha = \frac{R_x}{R} \qquad (2.4)$$

式中,R 为筒身半径;α 为缠绕角(变量);R_x 为极孔半径。

(4) 一个完整缠绕循环的交叉点、交带的分布规律及计算方法。

交叉点数是指缠绕完一个完整循环时的纤维的交点的数目;在缠绕完一个完整循环时,由纤维交叉点组成的迹线称为交带,整个容器的交带条数称为交带数(交叉点横向连线的条数)。交叉点数不仅与切点数有关,还与芯模转数有关,交叉点数 $x = n(M-1)$,交带数 $y = M - 1$。

由以上分析可知,通过螺旋缠绕中切点数、切点顺序及芯模转数的关系就可以确定芯模表面的缠绕图案。

2.2　复合材料的力学分析模型与方法

2.2.1　复合材料的力学分析模型

为了进行复合材料的力学分析,首先要对实际的复合材料及其结构建立可以用数学和力学方法表达的分析模型。目前绝大多数复合材料结构均采用长纤维,因此所建立的分析模型主要是按照长纤维增强复合材料来考虑,可以分为以下三个层次来表示。

(1)单层材料。单层材料[81]是一种单向复合材料,其中纤维均按同一方向整齐排列,如图 2.1 所示。这里,沿纤维方向称为纵向,以 1 表示;与纤维垂直的方向称为横向,以 2 表示;与 1-2 平面相垂直的方向,即垂直于层面的方向,以 3 表示。由于单层材料很薄,认为沿 3 方向的尺寸比其他两个的尺寸小得多。

由图 2.1 可以看出,单层复合材料由纤维和基体组成,是一种至少两相的材料。由于纤维材料和基体材料的性能往往有很大差异,因此在单层复合材料层内,沿纤维方向的性能(称为纵向性能,它主要纤维决定)和垂直纤维方向的性能(称为横向性能,它主要由基体决定)相差很大,形成了正交各向异性的力学性能,也使单层复合材料在细观上呈现出不均匀性。

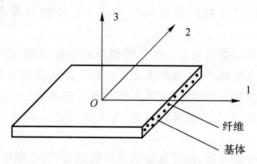

图 2.1 单层复合材料的构造形式

（2）叠层材料。叠层材料是由单层材料沿 3 向叠合而成的多层材料，其中各单层可以有各自不同的纤维方向，叠层材料通常是复合材料结构中的实际应用形式。

如图 2.2 所示，叠层材料有一个总的坐标系 x-y-z，其中 z 轴与上述单层材料的 3 轴一致。叠层材料共有的单层材料总层数为 n，各单层材料的纤维主轴 1,2 方向与 x,y 轴方向有一个偏置角 $\theta_i(i=1,2,\cdots,n)$，图 2.2 中表示的 θ_i 为正方向。

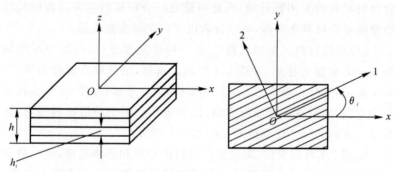

图 2.2 叠层复合材料的构造形式

1）为了完全确定叠层材料的铺层方式，需要规定以下 4 个几何要素。

① 总层数 n ；

② 各层纤维角 $\theta_i (i = 1, 2, \cdots, n)$ ；

③ 各层厚度 $h_i (i = 1, 2, \cdots, n)$ ，一般取各层的厚度相同，即 $h_i = h/n$ ；

④ 各层的排列顺序。

2）对于叠层材料的铺层，在工程上可以采用以下表示方式[3]。

① 一般铺层形式，例如：$[50/0/90/60]$ ；

② 上下对称铺层形式，例如：$[45/90/60/60/90/45]$ ，可以表示为 $[45/90/60]_s$ ；

③ 相同纤维角正负交替铺层形式，例如：$[0/+45/-45/90]$ ，可以表示为 $[0/\pm 45/90]$ ；

④ 相同纤维角重复铺层形式，例如：$[0/0/0/+45/-45/90/90]$ ，可以表示为 $[0_3/\pm 45/90_2]$ 。

由于叠层复合材料是由不同方向的单层材料叠合而成，它也是一种非均匀的各向异性材料；此外，垂直于层面的性能（称为层间性能，主要由层间结合材料决定）与层内的性能有很大差别，这又增加了复合材料性能的复杂性。因此，与均匀的各向同性材料（大多数金属和塑料）相比，复合材料在性能的表征方式上要复杂得多，不仅需要用更多的力学性能参数来说明，而且一般需要通过专门的复合材料力学方法进行分析计算才能得出，这一点与各向同性材料是大不相同的。

（3）复合材料结构。将上述叠层复合材料作为基本材料，可以根据结构设计需要，制成各种形状的结构。在航空航天结构的应用中，采取复合材料的主要目的是为了减轻重量，因此由复合材料制造的结构绝大多数厚度很小，或称为薄壁结构[82]。

为了进行薄壁结构的力学分析，一般把结构简化为简单形状的构件，如杆、梁、板、壳等基本构件或其组合形式，然后采取解析方法或数值方法进行分析。复合材料结构的力学分析模型与目前常规结构的分析模型基本相同,但如上所述,复合材料是一种各向异性的不均匀材料,与金属材料相比,在分析上有许多特点和难点,因此需要采用专门的复合材料结构力学方法来分析。

2.2.2 复合材料的力学分析方法

根据上述力学分析模型的"精细"程度,复合材料的力学性能可以分为以下三个层次来进行分析。

(1)细观力学分析方法。细观力学[83-85]的分析是以纤维和基体作为基本"元件",把纤维和基体分别看作各向同性或各向异性的均匀材料,然后根据纤维的几何形状和分布形式、纤维和基体的力学性能、纤维和基体之间的相互作用等条件来分析复合材料的力学性能。

细观力学分析方法显然是很精细的,但使得分析工作大大复杂化。限于理论分析能力和实际材料构造的复杂性和不确定性,目前只能计算单向复合材料在简单应力状态下的一些基本的力学特性,即复合材料的一些基本力学性能参数,如一些弹性系数和强度值。即使如此,所得到的很多计算公式或计算方法的正确程度仍很差。所以,细观复合材料力学的研究虽然开展很早,进行了大量的工作,但在工程上的实际应用效果不大。

(2)宏观力学分析方法。宏观力学(macro-mechanics)也称为粗观力学[80-81],宏观力学的分析范围比上述细观力学分析扩大了一个层次。此时把单层复合材料作为问题研究的起点,也就是说,它不考虑纤维和基体之间的区别,而直接把单层复合材料看作是一种均匀的各向异性材料来分析叠层复合材料的力学性能。而单层复合材料的性能数据可以由上述细观力学方法求出,但在工程上一般依靠试验测定方法得到。

由于宏观力学方法把问题的复杂性降低了一个层次,因而可以比较容易地分析复合材料的性能。这种方法在分析复合材料的"宏观"性能,如刚度性能、热弹性能等方面已经比较成熟,但在分析复合材料的强度性能方面尚需作进一步研究。

由于实际复合材料应用中的铺层方式多种多样,如果与上述单层复合材料一样,也采取试验测定的方法来获得其力学性能数据,是非常不经济的,有时也是不可能的。在复合材料的应用中,一般通过宏观力学分析的方法获得复合材料结构的实际性能。宏观力学分析方法在复合材料结构设计中具有特殊的重要作用,已得到了广泛的应用。

一般把上述复合材料细观力学和复合材料宏观力学,合并称为复合材料力学,它主要是研究复合材料的材料性能,包括弹性系数、强度和热膨胀系数等。

(3)结构力学分析方法。复合材料的实际应用总是要通过某种具体的构件形式来实现的,如薄壁杆、板、壳等构件形式。为了分析这种薄壁构件的力学性能,需要应用专门的复合材料结构力学分析的方法[82,86],它是在上述复合材料力学的基础上,研究复合材料基本构件及其组合的结构力学性能,如变形、临界载荷和固有频率等。

结构力学的分析范围比上述宏观材料力学分析又扩展了一个层次。此时把叠层复合材料作为问题研究的起点,也就是说,它一般直接以叠层材料的力学性能为基础来分析各种复合材料构件的力学性能,叠层复合材料的性能数据有时可以依靠试验测定,但大多数情形均需要用上述宏观力学方法算出。

2.3　复合材料的弹性特性

弹性特性是指材料在弹性范围内应力与应变之间关系的特性,其中采用的相关系数称为弹性系数。一般说,对于复合材料的弹性特性,除了单向应力状态下单层复合材料的弹性特性可以采用试验方法或细观力学计算方法以外,对于多向应力状态下单层复合材料的弹性特性以及任何应力状态下叠层复合材料的弹性特性,均需要直接或间接地采用宏观力学方法来确定。

2.3.1 单层复合材料的弹性特性

2.2 节已经讲到,当用宏观力学方法分析复合材料时,可以将单层复合材料看作是均匀各向异性材料,实际上可以认为是横观各向同性材料。图 2.1 所示的单层复合材料的构造形式,同时考虑到单层复合材料沿厚度方向 3 的尺寸极小,一般可认为 $\sigma_3 = 0$,其材料主轴方向的应力应变关系式[81] 为

$$\boldsymbol{\varepsilon} = \boldsymbol{S}\boldsymbol{\sigma} \qquad (2.5)$$

式中,$\boldsymbol{\sigma}$ 为应力向量,$\boldsymbol{\varepsilon}$ 为应变向量,$\boldsymbol{S}$ 为柔度矩阵,具体表达式为

$$\boldsymbol{\varepsilon} = \begin{bmatrix} \varepsilon_1 \\ \varepsilon_2 \\ \gamma_{12} \end{bmatrix} \quad \boldsymbol{\sigma} = \begin{bmatrix} \sigma_1 \\ \sigma_2 \\ \tau_{12} \end{bmatrix} \quad \boldsymbol{S} = \begin{bmatrix} S_{11} & S_{12} & 0 \\ S_{12} & S_{22} & 0 \\ 0 & 0 & S_{66} \end{bmatrix}$$

将式(2.5)写成逆转形式,则有

$$\boldsymbol{\sigma} = \boldsymbol{Q}\boldsymbol{\varepsilon} \qquad (2.6)$$

式中

$$\boldsymbol{Q} = \boldsymbol{S}^{-1} = \begin{bmatrix} Q_{11} & Q_{12} & 0 \\ Q_{12} & Q_{22} & 0 \\ 0 & 0 & Q_{66} \end{bmatrix}$$

称为单层复合材料的刚度矩阵。

在实际工程应用中,为了测试的方便,往往采用工程弹性系数来表示应力应变之间的关系[81],工程弹性系数包括拉压弹性模量 E_1,E_2,E_3,弹性剪切模量 G_{12},G_{23},G_{31} 和泊松比 υ_{12},υ_{21},υ_{23},υ_{32},υ_{13},υ_{31}。它们与上述柔度系数的关系为

$$S_{11} = \frac{1}{E_1}; S_{12} = -\frac{\nu_{21}}{E_2}; S_{22} = \frac{1}{E_2}; S_{66} = \frac{1}{G_{12}};$$

现在考虑任意的 $x-y$ 方向(称该方向为偏轴方向)上单层复合材料的应力应变关系。引入如下坐标转换矩阵:

$$T = \begin{bmatrix} l^2 & m^2 & 2lm \\ m^2 & l^2 & -2lm \\ -lm & lm & l^2-m^2 \end{bmatrix} \tag{2.7}$$

该式表示了任意坐标 x-y 与坐标 1-2 的关系,如图 2.3 所示,式中 $l = \cos\theta$,$m = \sin\theta$,θ 为两个坐标系之间的夹角。

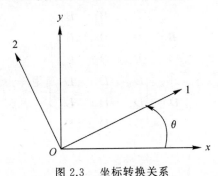

图 2.3　坐标转换关系

偏轴方向的应力应变变关系[81] 为

$$\bar{\boldsymbol{\sigma}} = \bar{\boldsymbol{Q}}\boldsymbol{\varepsilon} \tag{2.8}$$

式中

$$\bar{\boldsymbol{Q}} = \boldsymbol{T}^{-1}\boldsymbol{Q}\boldsymbol{T}^{-T}$$

称为任意 θ 角方向(沿 x-y 坐标)的刚度矩阵。

2.3.2　叠层复合材料的弹性特征

如图 2.4 所示为由 n 个单层叠合而成的叠层材料形式。为了分析方便,其中 $z = 0$ 平面取在整个叠层复合材料厚度的几何中心面上,即 $z_0 = z_n = h/2$,此时称它为叠层复合材料的中面。

引入叠层复合材料截面上单位宽度的内力 $\boldsymbol{N}$ 和内力矩 $\boldsymbol{M}$,定义为

$$\begin{bmatrix} \boldsymbol{N} \\ \boldsymbol{M} \end{bmatrix} = \begin{bmatrix} \boldsymbol{A} & \boldsymbol{B} \\ \boldsymbol{B} & \boldsymbol{D} \end{bmatrix} \begin{bmatrix} \boldsymbol{\varepsilon}^0 \\ \boldsymbol{k} \end{bmatrix} \tag{2.9}$$

式中,$\boldsymbol{\varepsilon}^0$ 为中面($z=0$)应变向量,$\boldsymbol{k}$ 为中面曲率(扭率)变化向量,$\boldsymbol{A}$,

B，D 分别称为叠层材料的拉压刚度矩阵、拉（压）弯（扭）耦合刚度矩阵和弯曲（扭转）刚度矩阵，具体形式为

$$A = \begin{bmatrix} A_{11} & A_{12} & A_{16} \\ A_{12} & A_{22} & A_{26} \\ A_{16} & A_{26} & A_{66} \end{bmatrix}$$

$$B = \begin{bmatrix} B_{11} & B_{12} & B_{16} \\ B_{12} & B_{22} & B_{26} \\ B_{16} & B_{26} & B_{66} \end{bmatrix} \quad (2.10)$$

$$D = \begin{bmatrix} D_{11} & D_{12} & D_{16} \\ D_{12} & D_{22} & D_{26} \\ D_{16} & D_{26} & D_{66} \end{bmatrix}$$

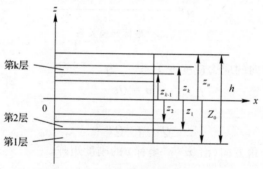

图 2.4　叠层复合材料的剖面图

式中各矩阵元素的计算公式为

$$\left. \begin{aligned} A_{ij} &= \int_{-\frac{h}{2}}^{\frac{h}{2}} \overline{Q_{ij}} \, dz = \sum_{k=1}^{n} \overline{(Q_{ij})}_k (z_k - z_{k-1}) \\ B_{ij} &= \int_{-\frac{h}{2}}^{\frac{h}{2}} \overline{Q_{ij}} \, dz = \frac{1}{2} \sum_{k=1}^{n} \overline{(Q_{ij})}_k (z_k^2 - z_{k-1}^2) \quad (i,j=1,2,6) \\ D_{ij} &= \int_{-\frac{h}{2}}^{\frac{h}{2}} \overline{Q_{ij}} \, dz = \frac{1}{3} \sum_{k=1}^{n} \overline{(Q_{ij})}_k (z_k^3 - z_{k-1}^3) \end{aligned} \right\} \quad (2.11)$$

2.4　复合材料及结构力学分析

2.4.1　复合材料细观力学分析方法

对于复合材料而言，其组分性能、含量及细观结构的变化均会影响复合材料宏观性能的发挥，难以通过试验测试所有组合的复合材料性能，因此，研究人员试图建立复合材料组分性能与宏观性能间的定量关系，这就是复合材料细观力学的中心任务。目前比较成熟的复合材料细观力学分析方法主要包括分析法、有限元法、通用单胞法。

(1)分析法。分析法是基于组分材料的本构关系，结合复合材料细观结构中应力、应变场的经验关系，求解复合材料宏观本构关系。比较有代表性的分析方法有 Eshelby 等效夹杂法、Mori-Tanaka 方法、自洽模型及代表性体积单元模型(Representative Volume Element，RVE)等。

分析法最初广泛用于分析单向复合材料的宏细观性能关系，在预测复合材料宏观模量方面起到了重要作用。然而，分析法往往仅能对具有细观规则夹杂复合材料进行分析，同时分析法也无法给出复合材料细观应力应变场的分布情况，不能用于研究细观损伤对复合材料宏观性能的影响。

(2)细观有限元法。复合材料细观有限元方法始于 20 世纪 70 年代，随细观力学的发展而逐渐发展成熟，该方法的主要思路是首先采用有限元方法计算代表性单胞的细观应力、应变场，然后通过均匀化方法获得复合材料宏观应力-应变本构关系。复合材料细观有限元方法还可以与损伤力学结合研究复合材料的细观损伤产生与扩展等问题。

然而，细观有限元方法在使用过程中任何细观结构的变化均需要重新划分有限元网格，这极大地限制了该方法计算效率的提高。

（3）通用单胞法。20 世纪 90 年代，NASA（National Aeronautics and Space Administration，美国航空航天局）首次提出采用通用单胞法（Generalized Method of Cells，GMC）分析复合材料的结构和强度。GMC 方法的基本思想是将复合材料代表性体积单胞分成若干子胞，通过求解子胞边界上的位移和应力连续条件最终得到复合材料宏细观场量之间的关系。为了满足宏细观分析的需要，NASA 把 GMC 模型从二维扩展到三维，并不断推出基于 GMC 方法的相关软件，并加入了界面脱黏、疲劳等损伤形式以及不同的材料本构模型，用于分析复合材料的损伤和疲劳等强度问题。国内关于胞元模型的研究和应用起步都较晚，雷友锋、孙志刚等在这方面做了大量工作：改进了以应力为未知量的 GMC 模型，跟踪和发展高精度胞元模型，进行了金属基复合材料宏细观一体化分析方法的尝试。

以上研究中涉及的复合材料结构有一个共同特点：宏观结构可以认为是由许多相同的细观 RVE 单胞安一定规律排列组合而成的。同时，RVE 单胞必须同时满足相对于宏观尺度足够小且能充分反映复合材料细观结构特征这两个条件。截至目前，关于纤维缠绕复合材料细观特性的研究十分有限，且并未充分考虑到缠绕线型交叠对宏观性能的影响，因此有待对纤维缠绕复合材料细观特性开展进一步研究，以期建立适用于纤维缠绕复合材料细观特性分析的通用模型。

2.4.2 复合材料结构力学分析的基本方法

复合材料结构力学的分析方法可以分为解析解法和数值解法。目前，解析解法可归纳为层板理论、二维板壳理论和三维弹性理论等。

（1）层板理论（薄膜理论）。层板理论[87]假设复合材料由一定数量的纤维和基体组成的单层板构成，多层复合材料单层板共同承载，即薄膜承载。该理论考虑了基体的承载和传载作用。但是无法处理几何、材料和载荷的不连续性，并且未考虑横向剪切，不能准确给定有效曲率变化区域上的局部应力。

（2）二维板壳理论。二维板壳理论可分为经典板壳近似理论、一阶剪切理论、高阶剪切理论以及厚壳理论。经典板壳理论假设[88]：壳体厚度和位移与壳的曲率半径相比小得多；垂直于壳体表面的应力可以忽略不计；直法线假设；且忽略横向剪切。Mindlin 提出了一阶剪切理论[89]，将经典板壳理论中的直法线假设用直线假设取代，即认为横截面的剪应力沿厚度方向均匀分布。目的在于分析各向同性中厚壳和纤维增强复合材料薄板。高阶剪切理论[90-93]的基本内容是同时考虑板的横向剪切变形和横向正应变，用高阶位移函数取代 Mindlin 板的线性表达式，使壳体表面的剪应力为零。由三维弹性理论退化而来的厚壳理论在工程上也有应用，是结合线性有限元进行分析的，分析精度较高。

（3）三维弹性理论。三维弹性理论[94]是将复合材料看作三维弹性体，对位移和应力不作任何假定，按铺层方向和厚度分别列出每次的三维弹性力学方程和应力、位移的边界条件和连续条件进行求解。从原则上讲，采用一般各向异性的三维有限元，完全可以解决呈层性、沿厚度方向剪切变形的影响和层间应力必须计算的相当准确等所带来的许多困难。但是，在实际上，除特殊的简单情况外一般很难实现。

工程上，对于纤维缠绕壳体结构的分析还有一种应用广泛的方法：网格理论。对于网格理论，其基本假设是纤维承载而忽略基体作用。它作为初步设计是可以的，在不考虑变形的时候，可用来确定纤维缠绕壳体所需层数和在爆破压力时的初估应力值。由于把壳体作为线性问题进行处理并忽略了基体对结构的影响，因此网格理论无法准确给定壳体的应力场和应变场，也无法给出当壳体在受到一定压力时，壳体的损伤情况，从而无法给出壳体在出现一定损伤后的剩余承载能力。

在实际的工程应用中，由于板壳几何形状的复杂，边界条件的多样性，载荷、温度、材料性能和板壳厚度是中面坐标的函数时，问题变得非常复杂,很难甚至于不可能用解析的方法求解,只能用数值方法求解。数值解法包括差分法、有限元法、有限条法和边界元法等。其中有限元法是一种应用很广、很有成效因而极为重要的数值方法。

2.4.3 复合材料结构力学的有限元分析

为了更好地理解复合材料结构力学的数值分析方法,下面首先对有限元法的基本概念和分析过程进行简要阐述。

1. 有限元法的基本概念

有限元法的基本概念[95-98]可以由以下两方面来描述。

(1)将实际的结构(连续体)离散为有限数目的互相连接的单元(因此称为"有限元"),单元间的交点称为节点,每个单元构成一个网格。当单元数目增多,网格划分地足够细时,可以把整个结构的基本力学特性(如位移、应变、应力等)用这些节点上的力学性能参数来表征,结构上的载荷和质量也可以集中到这些节点上来。因此,有限元法的实质就是将一个连续的无限自由度问题变成离散的有限自由度问题。

(2)为了能够求解上述单元结点的力学性能之间的关系(例如,已知结点载荷求出结点位移),需要依靠弹性力学中的三个基本关系,即几何关系(应变与位移关系)、本构关系(应力与应变关系)和平衡关系(包括运动中的惯性力)。但是,由于求解偏微分方程组的困难和单元形状的复杂性,直接求解非常困难。因此,需要利用弹性力学中的变分原理,即应用各种变分原理来替代上述一个或几个基本关系。例如,目前应用较广泛的变分原理是以结点位移作为未知量的最小势能原理(或虚位移原理),它在实质上是替代了弹性力学的平衡关系。根据各种变分原理可以导出有限元的基本特性,如刚度矩阵、质量矩阵等,从而建立起各结点的力学参数之间的简单关系式(一般为联立的代数方程组),使问题可以通过数值计算的方法得解。

因此可以这样说,有限元法的离散化思想提供了分析实际复杂形状结构的条件,而弹性力学的变分原理又为有限元法提供了分析的理论基础。

根据建立有限元方法所依据的变分原理[96]不同,可得到不同的有限元方法,主要有位移法、杂交法和混合法。位移法由于其理论基础成熟、使用简单方便,已在大多数有限元的计算机程序中得到应用,因此仅对有限元的位移法进行说明。

2. 有限元法的分析过程

以静力分析情形为例,说明有限元位移法分析的基本过程[99-100]。分析过程可以概括性地分成以下几个步骤。为了简化表示,公式中采用向量和矩阵方式表示。

(1)结构离散化。首先将需要分析的结构划分成有限个单元,以替代原有实际结构。离散化完成后以下几点可以被确定。

1)单元的数目;

2)单元的形状(如三角形、四边形等);

3)每个单元的结点数目。

以上单元数目和形状的选择与结构具体形式、分析精度要求、计算机容量等有关。

(2)选择单元的形状函数。设某一个单元体内的广义位移为 u,单元边界的结点广义位移为 U。选择单元的形状函数(或称插值函数)为 N,可以通过下式把单元内的广义位移 u 用结点广义位移 U 来表示,即

$$u = NU \tag{2.12}$$

形状函数一般采取单元内坐标的代数多项式形式,具体形式与单元形状和计算精度要求有关。

(3) 确定单元的刚度矩阵。通过弹性力学的广义应变与广义位移的几何关系,单元内的应变也可以用结点的广义位移来表示,即

$$\varepsilon = HU \tag{2.13}$$

其中 H 一般性地代表了广义应变与结点广义位移之间的微分关系。

通过弹性力学的广义应力与广义应变之间的本构关系,单元内

的应力也可以用结点广义位移来表示，即

$$\boldsymbol{\sigma} = \boldsymbol{E}\boldsymbol{\varepsilon} = \boldsymbol{EHU} \qquad (2.14)$$

其中 $\boldsymbol{E}$ 一般性地代表了本构关系中的刚度系数矩阵。

如果单元受到面力 $\overline{\boldsymbol{T}}$ 和体力 $\overline{\boldsymbol{f}}$，则最小势能原理可写为

$$\delta \int_V (\boldsymbol{\varepsilon}^{\mathrm{T}}\boldsymbol{\sigma} - \boldsymbol{u}^{\mathrm{T}}\overline{\boldsymbol{f}}) \, \mathrm{d}V - \delta \int_S (\boldsymbol{u}^{\mathrm{T}}\overline{\boldsymbol{T}}) \, \mathrm{d}S = 0 \qquad (2.15)$$

根据式（2.12）、式（2.13）、式（2.4）和式（2.15），考虑到变分 $\delta\{\boldsymbol{U}\}$ 的任意性，可以导出以下方程，有

$$\boldsymbol{K}^{\mathrm{e}}\boldsymbol{u} = \boldsymbol{F}^{\mathrm{e}} \qquad (2.16)$$

此式即为单元的平衡方程。其中，$\boldsymbol{K}^{\mathrm{e}}$ 称为单元刚度矩阵，$\boldsymbol{F}^{\mathrm{e}}$ 称为单元等效结点载荷向量，分别为

$$\boldsymbol{K}^{\mathrm{e}} = \int_V \boldsymbol{H}^{\mathrm{T}}\boldsymbol{E}\boldsymbol{H} \, \mathrm{d}V \qquad (2.17)$$

$$\boldsymbol{F}^{\mathrm{e}} = \int_S \boldsymbol{N}^{\mathrm{T}}\overline{\boldsymbol{T}} \, \mathrm{d}S + \int_V \boldsymbol{N}^{\mathrm{T}}\overline{\boldsymbol{f}} \, \mathrm{d}V \qquad (2.18)$$

单元刚度矩阵确定了单元的基本力学特性，是有限元分析中非常重要的环节。

（4）建立整体结构的平衡方程。把所有单元平衡方程式(2.16)组合，可以得到整体结构的平衡方程。相应地，上述所有的单元刚度矩阵 $\boldsymbol{K}^{\mathrm{e}}$ 集合组成整个结构的总体刚度矩阵 $\boldsymbol{K}$；上述所有的等效单元结点载荷向量 $\boldsymbol{F}^{\mathrm{e}}$ 集合组成总体刚度矩阵 $\boldsymbol{F}$。

建立整个结构的平衡方程为

$$\boldsymbol{KU} = \boldsymbol{F} \qquad (2.19)$$

式中

$$\boldsymbol{K} = \sum_{\mathrm{e}} \boldsymbol{G}^{\mathrm{T}}\boldsymbol{K}^{\mathrm{e}}\boldsymbol{G}$$

$$\boldsymbol{F} = \sum_{\mathrm{e}} \boldsymbol{G}^{\mathrm{T}}\boldsymbol{F}^{\mathrm{e}}$$

式(2.19)即为静力分析的有限元基本方程。该方程实质上是一组线性联立方程组，如果已知总体刚度矩阵 $\boldsymbol{K}$ 和载荷向量 $\boldsymbol{F}$，并且结合与

结构相关的边界条件,可以求解出结构的位移向量 U。接着可由式 (2.13) 和式(2.14)进一步求解应变量 ε 和应力向量 σ。

对于稳定性分析和模态分析也可相似地导出相应的有限元方程。但它们为一组齐次的线性联立方程组。由此,对于稳定性分析,可以求解临界载荷(相当于求解齐次方程组的特征问题);对于模态分析,可以求解各阶固有频率及其相应的振型(相当于求齐次方程组的特征值和相应的特征函数的问题)。

一般说,实际结构分析时需要的结点的数目很大,因此上述联立方程组的数目也非常大,方程的求解需要采取某种专门的算法,并且只能通过计算机软件来实现。

3. ANSYS 有限元软件的应用

为了使得有限元法的求解实际可行,计算机的应用是必需的保证。目前已经有了在有限元基础上建立的成熟的计算机应用软件,例如 ANSYS,ABAQUS 和 MSC/NASTRAN 等。其中,AN-SYS[101-106]是美国 ANSYS 公司开发的融合结构、热、流体、电、磁、声学分析于一体的大型通用有限元软件。该软件具有许多其他软件不具备的功能,拥有全球最大的用户群,在复合材料结构分析方面也有强大的功能。因此,选用 ANSYS 软件作为复合材料结构有限元分析的应用软件。

现在结合复合材料结构的特点,对 ANSYS 软件在复合材料结构分析方面的应用进行分析和阐述。

采用 ANSYS 程序对复合材料进行刚强度分析的步骤如下。

(1)建立结构的几何模型。由于复合材料分析单元一般都是六面体单元,在划分网格时不同的建模方法会产生不同的单元坐标系,因此,在建立几何模型时要特别考虑到网格划分的方便。

(2)建立材料模型。根据复合材料参数建立单向复合材料模型,对于纤维增强复合材料,有以下两种建立方法。

1)若选择各向异性单元,则根据单向复合材料的刚度矩阵或柔度矩阵建立各向异性材料模型。

2)若选择层合结构单元,则可以建立正交各向异性材料模型,输入九个弹性常数,包括三个主方向的弹性模量、三个泊松比、三个剪切模量。在这种情况下有一点很重要,复合材料力学中有两种泊松比和剪切耦合系数的定义方式,分别是列正则化定义法和行正则化定义法,这两种定义方式下的主次泊松比恰好相反。本论文中的所有系数采用的是列正则化定义法,它具有更好的合理性与一致性,而ANSYS中采用的是行正则化定义法。如果输入材料系数主泊松比PRXY,PRXZ,PRYZ则对应的是列正则化定义法的 μ_{21},μ_{31},μ_{32},而不是 $ANSYS$ 帮助文件中所描述的主泊松比 μ_{12},μ_{13},μ_{23},这是行正则化定义法下的主泊松比,一些资料没有把这个问题弄清楚,而得出的是完全错误的结果。

(3)选择单元类型并设置相关属性。根据结构特征和计算要求,选择上述不同的单元类型并设置单元属性,设置实常数。

(4)网格划分。在建立的几何实体上进行网格划分,不同的网格划分方法,如映射划分和扫掠划分,或者扫掠方向的不同,都会产生不同的单元坐标系,如果没有弄清楚单元坐标系的方向,就会使材料输入的时候存在问题并使计算结果错误,因此要特别注意这一问题。复合材料单元默认的单元坐标系是以 i-j 边为基础的坐标系,在使用网格划分工具划分网格后,可以查看单元坐标系的方向,若与预定的不相符,则需要作相应的调整,可以重新划分单元或旋转单元的坐标系到指定的方向。

(5)施加载荷及设定约束条件。根据实际情况定义边界条件,若建立 1/4 或 1/2 模型,则需要施加对称约束。

(6)分析设定并提交计算。设定分析类型,选择分析方法,设定质量矩阵,大变形、大应变设定,应力刚化设置,选择求解器等,及相关的一些参数。

(7)结果后处理。复合材料结构的分析结果在进行后处理时,非常重要的一点就是选择合适的并与计算时所用的坐标一致的结果坐标系。ANSYS可以提供多种坐标系下的计算结果,复合材料结构的分析结果在进行后处理时,默认情况下 POSTI 后处理器所输出的结果是在总体笛卡尔坐标系下的,而研究人员关心的一般是在材料坐标系下的各主应力方向的结果。可以通过 RSYS 命令转换结果到不同的坐标系下,显示各单层在材料坐标系下的结果。另外,对于用各向异性单元来模拟的计算结果,在结果处理时需要注意在不同种复合材料层间或者同一种复合材料不同铺层方向的层之间界面的应力应变情况。

在 ANSYS 程序中,各向异性材料可以使用各向异性单元进行分析,此外还有一类专门的层合单元(Layered Elements)来模拟层合的复合材料结构。针对不同的结构和输出结果的要求,可选用以下几种单元类型。

1)Shell99——线性结构三维壳单元,用于较小或中等厚度复合材料板或壳结构,一般长度方向和厚度方向的比值大于 10。

2)Shell91——非线性结构壳单元,这种单元与 SheU99 相似,而且支持材料的塑性和大应变行为。

3)Shell81——有限应变壳单元,这种单元支持几乎所有的包括大应变在内的材料的非线性行为。

4)Solid46——三维层合结构实体单元,用于厚度较大的复合材料层合壳或实体结构。

5)solid191——三维实体结构单元,高精度单元,不支持材料的非线性和大变形。

此外还有 Solid95,Shell63,Solid65,Beam188 和 Beam189 单元都可以模拟复合材料。

采用 ANSYS 程序对复合材料结构进行分析时,需要注意以下几点。

(1)定义层属性。可以直接定义各单层的层属性,对于纤维增强复合材料,需要定义层数,单层材料、单层厚度、纤维方向等;也可以通过材料的刚度矩阵定义材料模型,使用这种方法定义对层数没有限制。

（2）定义失效准则。根据复合材料的强度理论，不可以用主应力、主应变来判断复合材料的强度。对于正交各向异性材料，ANSYS中支持最大应力准则、最大应变准则、蔡—吴张量准则这三种失效准则。另外，也可以通过分析结果，采用 APDL 语言，开发其他准则来判断。

（3）刚度退化处理。ANSYS 没有直接提供材料失效后的刚度退化处理方法。在进行复合材料结构分析时，通常采用单层模量退化的估算方法，这种估算方法是将带有裂纹层的横向模量、剪切模量以及泊松系数全部用一组新值替代，也就是采用将在后面介绍的降级原则进行单层刚度降级。

第 3 章　纤维缠绕复合材料结构
渐进失效分析

在复合材料结构中,各个单层材料的材料性质、纤维方向、厚度等是各不相同的,至少各层的纤维方向是不同的。因此,各个单层对作用在结构上的外载荷的抵抗能力也是各不相同的。一般说,复合材料结构在一定的外载荷作用下,不可能各层同时发生破坏,而应该是各层逐步地破坏。

例如,当外载荷增加时,某个最弱的单层首先发生破坏,该层部分或全部地失去承载能力,也就是说,该层的刚度有所衰减或变为零。此时,整个层合复合材料结构的刚度也开始有所下降,但仍能继续承载。之后,随着载荷的继续增加,另一单层发生破坏,相应地该单层的刚度减弱或丧失,并使整个层合复合材料结构刚度再一次下降。依此类推,一直延续到整个层合复合材料结构的每一层均发生破坏,才使结构彻底破坏。

可以说,复合材料结构的失效(破坏)是一个损伤逐步累积的过程。因此,作为承载结构时,复合材料结构的失效应该遵循最终层失效假定。从结构的角度看,复合材料结构属于典型的静不定体系,当一个单层发生失效时,整个承载的拓扑结构也将发生变化。为了模拟复合材料结构的失效过程以及预测其极限承载能力,必须考虑复合材料结构损伤的逐步累积以及由这些损伤导致的应力重新分布,可以通过建立渐进失效(或逐步破坏)模型实现。

3.1　复合材料结构渐进失效分析模型

复合材料结构渐进失效分析模型[107](Progressive Failure Analysis Model)一般包含两部分内容:应力分析和失效分析。应力分析可以采用解析方法,对于比较复杂的结构一般采用数值方法,例如:有限单元法、边界元法等;失效分析包括三个部分:失效判据、刚度退化准则及总体破坏判据。

用计算机来模拟复合材料结构逐渐破坏,一般都采用迭代的方法。首先选择一个初始载荷 P_0,进行应力分析。根据选定的失效判据检查结构中是否有单层板或单元(采用有限元法时)发生破坏,如果没有,则增加一个预先给定的载荷增量 ΔP,重新进行应力分析;如果有,则根据刚度退化准则,对这些单层板或单元的刚度特性进行退化,然后在相同的载荷下重新进行应力分析。重复上述过程,直至发生结构的整体破坏。图 3.1 给出了渐进失效分析模型的典型流程图,具体实现步骤如下。

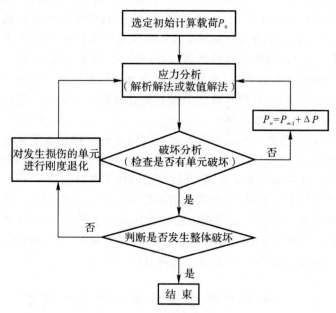

图 3.1　渐进失效分析模型的典型流程图

(1)对结构施加应用广义载荷,进行应力分析,获得层合复合材

料结构的每一层每一个单元的应力、应变;

(2)将计算得到的应力、应变与单层板失效判据比较,进行损伤判定。没有损伤产生,则增加一个预先给定的载荷增量 ΔP ,返回第一步进行应力分析;否则,继续进行以下步骤;

(3)对发生损伤(失效)的单元,降解(修改)其单层板宏观力学性能(例如,刚度矩阵 Q);并返回第一步进行应力分析,求得应力重新分布后的解;

(4)重复步骤(2)～(3),直到结构不能再继续承载。

由图 3.1 可以清楚地看到,失效判据(准则)以及刚度退化准则是渐进失效模型中两个最基本的模块,其选择的是否适当决定了计算结果的好坏。

3.2　复合材料结构渐进失效判据

3.2.1　复合材料失效判据的研究现状

复合材料的失效判据很多,有各种各样的应力准则,如最大应力准则、Tsai‐Hill 准则、Tsai‐Wu 准则及 Hashin 准则等;也有不同变化形式的断裂力学准则,如基于应力强度因子的 K 准则和基于应变能释放率的 G 准则等。但到目前为止,对于如何选择失效判据,还没有形成一个统一的认识。

根据复合材料的失效判据中应力或应变分量之间是否相互作用,可以将其分为两类,即无交互作用的失效准则和有交互作用的失效准则。在无交互作用的失效准则中,其应力或应变分量之间没有相互作用,这种准则又可称为独立失效准则,它是将单独的应力或应变的分量与其相应的材料许用强度值相比较。最大应力准则和最大应变准则属于这一类,它们都能够揭示失效模式的类型,在应力‐应变空间中其失效面均为矩形;有交互作用的失效准则包含应力、应变分量之间的相互作用,用数学表达式进行表示,又可分为三类:多项式理论、直接模式确定理论和应变能理论,下面分别对其进行讨论。

(1)多项式理论。多项式理论采用一个基于材料强度的多项式描述失效面,主要来自复合材料测试数据的曲线拟合。最常用的复合材料多项式失效准则是 Tsai-Wu 张量多项式准则[108],其张量表达式为

$$F_i\sigma_i + F_{ij}\sigma_i\sigma_j = 1; \quad (i,j=1,2,\cdots,n) \tag{3.1}$$

式中

$$F_1 = \frac{1}{X_T} - \frac{1}{X_C}, F_2 = \frac{1}{Y_T} - \frac{1}{Y_C}, F_3 = \frac{1}{Z_T} - \frac{1}{Z_C}$$

$$F_{11} = \frac{1}{X_T X_C}, F_{22} = \frac{1}{Y_T Y_C}, F_{33} = \frac{1}{Z_T Z_C}$$

$$F_{44} = \frac{1}{(R)^2}, F_{55} = \frac{1}{(S)^2}, F_{66} = \frac{1}{(T)^2}$$

$$F_{12} = -1/2\sqrt{X_T X_C Y_T Y_C}, F_{13} = -1/2\sqrt{X_T X_C Z_T Z_C},$$

$$F_{23} = -1/2\sqrt{Y_T Y_C Z_T Z_C}$$

X_T, X_C 分别为纵向拉伸和压缩强度,Y_T, Y_C 分别为横向拉伸和压缩强度,Z_T, Z_C 分别为 Z 方向拉伸和压缩强度,R, S, T 分别为横向和 Z 向、Z 向和纵向以及纵向和横向的剪切强度。Tsai-Wu 准则是一个二次失效准则,其他常用的二次失效准则有 Tsai-Hill 准则[109-110]、Azzi-Tsai 准则[111]、Hoffman 准则[112]、Chamis 准则[113]等,这些二次失效准则都可以用广义 Tsai-Wu 二次准则表示,失效面呈椭圆形状。它们共同的不足之处是只能预测失效的产生,不能识别失效模式,也不能解释失效的机理。

(2)直接模式确定理论。直接模式确定理论通常也是一个基于材料强度的多项式,同时采用分离的公式描述失效模式。直接模式确定理论由于能够描述复合材料的失效模式,在渐进失效分析中是非常有用的。Hashin[114-115]用分段函数的形式设计了一个二次失效准则,不同的分段函数描述一种失效模式,其三维失效准则如下。

1)基体开裂:

$$\left. \begin{array}{l} 当\ \sigma_2 > 0\ 时,\left(\dfrac{\sigma_2}{Y_t}\right)^2 + \left(\dfrac{\tau_{12}}{S_{12}}\right)^2 + \left(\dfrac{\tau_{23}}{S_{23}}\right)^2 = 1 \\[4mm] 当\ \sigma_2 \leqslant 0\ 时,\left(\dfrac{\sigma_2}{Y_c}\right)^2 + \left(\dfrac{\tau_{12}}{S_{12}}\right)^2 + \left(\dfrac{\tau_{23}}{S_{23}}\right)^2 = 1 \end{array} \right\} \tag{3.2}$$

2）基纤剪切：

$$当 \sigma_1 \leqslant 0 \text{ 时}, \left(\frac{\sigma_1}{X_c}\right)^2 + \left(\frac{\tau_{12}}{S_{12}}\right)^2 + \left(\frac{\tau_{13}}{S_{13}}\right)^2 = 1 \qquad (3.3)$$

4）分层：

$$\left. \begin{array}{l} 当 \sigma_2 > 0 \text{ 时}, \left(\frac{\sigma_3}{Z_t}\right)^2 + \left(\frac{\tau_{13}}{S_{13}}\right)^2 + \left(\frac{\tau_{23}}{S_{23}}\right)^2 = 1 \\[3mm] 当 \sigma_2 \leqslant 0 \text{ 时}, \left(\frac{\sigma_3}{Z_c}\right)^2 + \left(\frac{\tau_{13}}{S_{13}}\right)^2 + \left(\frac{\tau_{23}}{S_{23}}\right)^2 = 1 \end{array} \right\} \qquad (3.4)$$

5）纤维断裂：

$$\left. \begin{array}{l} 当 \sigma_2 > 0 \text{ 时}, \left(\frac{\sigma_1}{X_t}\right)^2 = 1 \\[3mm] 当 \sigma_2 \leqslant 0 \text{ 时}, \left(\frac{\sigma_1}{X_c}\right)^2 = 1 \end{array} \right\} \qquad (3.5)$$

（3）应变能理论。应变能理论首先由 Sandhu[116] 建立，基于如下观点：当由外载荷引起的能量总和与相应的最大能量的比率等于 1 时，层片发生失效。Abu-Farsakh 和 Abdel-Jawad[117] 同样基于能量观点建立了相似的准则。然而，这些准则无法识别损伤模式，因而不能在渐进失效模型中应用。

3.2.2 Tsai-Wu 准则的改进

研究表明，Tsai-Wu 多项式准则应用范围广、与试验一致性好[118]，为了使其能够确定失效模式，以便在渐进失效模型中应用，对 Tsai-Wu 准则进行如下分组改进：

$$I_1 = F_1\sigma_1 + F_{11}\sigma_1^2 + 2(F_{12}\sigma_1\sigma_2 + F_{13}\sigma_1\sigma_3)$$

$$I_2 = F_2\sigma_2 + F_{22}\sigma_2^2 + F_{66}\sigma_{12}^2\sigma_2 + 2(F_{12}\sigma_1\sigma_2 + F_{23}\sigma_2\sigma_3)$$

$$I_3 = F_3\sigma_3 + F_{44}\sigma_{23}^2 + F_{55}\sigma_{13}^2 + 2(F_{13}\sigma_1\sigma_3 + F_{23}\sigma_2\sigma_3)$$

如果 $F_i\sigma_i + F_{ij}\sigma_i\sigma_j \geqslant 1$ 则 failure mode $= \text{Max}(I_1, I_2, I_3)$

$$(3.6)$$

其中，I_1 主要取决于纤维方向的应力，I_2 主要由横向应力构成，I_3 包含与厚度方向相关的应力。

失效模式的确定方法:当某个单元组件发生损伤,通过比较这三个值,选出最大的一个,最大值为 I_1 时,代表纤维失效;相应地,I_2 代表基体失效;I_3 代表分层失效。

3.3　复合材料刚度退化准则

复合材料刚度退化准则的建立还不成熟,目前主要采用的是直观的或经验性尝试的方法。以 Hahn 和 Tsai 于 1973 年提出的单向复合材料层板的非线性应力-应变关系为理论依据,建立受损伤复合材料刚度退化准则,根据不同的损伤模式,设计相应试验确定复合材料的刚度衰减系数。

3.3.1　理论依据

Hahn – Tsai 提出的增量本构关系式[119]为

$$
\begin{bmatrix} \varepsilon_1 \\ \varepsilon_2 \\ \varepsilon_6 \end{bmatrix} = \begin{bmatrix} S_{11} & S_{12} & 0 \\ S_{12} & S_{22} & 0 \\ 0 & 0 & S_{66} \end{bmatrix} \begin{bmatrix} \sigma_1 \\ \sigma_2 \\ \sigma_6 \end{bmatrix} + S_{6666}\sigma_6^2 \begin{bmatrix} 0 \\ 0 \\ \sigma_6 \end{bmatrix} =
$$

$$
\begin{bmatrix} S_{11} & S_{12} & 0 \\ S_{12} & S_{22} & 0 \\ 0 & 0 & S_{66}+S_{6666}\sigma_6^2 \end{bmatrix} \begin{bmatrix} \sigma_1 \\ \sigma_2 \\ \sigma_6 \end{bmatrix} \tag{3.7}
$$

由上式可得

$$
\varepsilon_6 = S_{66}\sigma_6 + S_{6666}\sigma_6^3
$$

$$
\sigma_6 = \left[\frac{1}{S_{66}} + f(\varepsilon_6) \right] \varepsilon_6 \tag{3.8}
$$

实验中发现,层合板受载时,由于横向开裂导致的刚度衰减是不能够忽略的。当层板受弯矩作用时,其弯曲模量的变化是非线性的,因此必须在本构关系中考虑弯曲模量的非线性。剪切模量的非线性仍沿用 Hahn-Tsai 模型中的方法,这样,单层板的本构关系为

$$\begin{bmatrix} \sigma_1 \\ \sigma_2 \\ \sigma_6 \end{bmatrix} = \begin{bmatrix} Q_{11}+F_1(\varepsilon_1) & Q_{12} & 0 \\ Q_{12} & Q_{22}+F_2(\varepsilon_2) & 0 \\ 0 & 0 & Q_{66}+F_6(\varepsilon_6) \end{bmatrix} \begin{bmatrix} \varepsilon_1 \\ \varepsilon_2 \\ \varepsilon_6 \end{bmatrix}$$

$$(3.9)$$

式中，$Q_{ij}(i,j=1,2,6)$ 为线性刚度系数；$F_i(\varepsilon_i)$ 是与当前应变有关的弯曲、横向和剪切影响的非线性刚度系数，是以下三次方程的唯一实根，即

$$F_i^3 + \frac{3}{S_{ii}}F_i^2 + \left\{ \frac{3}{S_{ii}^2} + \frac{S_{ii}}{S_{iiii}}\frac{1}{\varepsilon_i^2} \right\} F_i + \frac{1}{S_{ii}^3} = 0 \qquad (3.10)$$

3.3.2　损伤模式与刚度退化之间的关系

在采用有限元法对结构进行应力分析的过程中，采用合理的失效判据对每一单元的每一层主方向上的应力进行判断，识别出其损伤模式，然后作出相应的刚度退化（以下 α_i 为刚度衰减系数）。

（1）无弯矩作用。

1）横向树脂开裂。横向应力大于横向强度，该层破坏形式为横向树脂开裂。此时，E_2 并不是降为零，仍有剩余刚度。即单元某一层 $\sigma_2 > X_T$，则该层 $E_2 \rightarrow \alpha_1 E_2$。

2）面内剪切破坏。面内剪切应力大于剪切强度，发生面内剪切破坏，该层破坏形式为树脂开裂。即单元某一层 $\tau_{12} > S_{XY}$，则该层 $G_{12} \rightarrow \alpha_2 G_{12}$。

3）横向及面内剪切同时破坏。横向应力大于横向强度，同时面内剪切应力大于剪切强度，该破坏形式为树脂开裂。即单元某一层 $\tau_{12} > S_{XY}$，则该层 $E_2 \rightarrow \alpha_3 E_2$，$G_{12} \rightarrow \alpha_4 G_{12}$。

（2）有弯矩作用。

1）层间剪切破坏。层间剪应力大于层间剪切强度，发生层间破坏，破坏形式为层间分层。即单元某一层 $\tau_{13} > S_{XZ}$，则该层 $E_1 \rightarrow \alpha_5 E_1$，$G_{13} \rightarrow \alpha_6 G_{13}$。

2)面内、层间剪切同时破坏。所有层发生面内剪切破坏,同时层间也出现分层,破坏形式为树脂开裂、层间分层。即同一单元所有层 $\tau_{12} > S_{XY}$,则该单元所有层 $E_1 \rightarrow \alpha_7 E_1$,$G_{12} \rightarrow \alpha_4 G_{12}$,$G_{13} \rightarrow \alpha_6 G_{13}$。

3)纤维断裂。如果 $\sigma_1 > X_T$,则纤维发生断裂,结构破坏。

3.3.3 刚度衰减系数的试验测定

(1)材料:根据研究对象而定。下面以 0.2 mm 厚碳纤维/环氧树脂基为例进行说明。

(2)试样:$[0/90]_{10}$ 正交层合板、$[\pm 45]_{10}$ 层合板、纤维缠绕环形试样。

(3)试验内容如下。

1)按 G/BT 3354 — 2014 定向纤维增强塑料拉伸性能试验方法,对 $[0/90]_{10}$ 正交层合板进行拉伸试验。

2)按 G/BT 3355 — 2005 纤维增强塑料纵横剪切试验方法,对 $[\pm 45]_{10}$ 层合板进行拉伸试验。

3)按 GB 1461 — 1988 纤维缠绕增强塑料环形试样剪切试验方法,进行三点弯曲试验。

4)对拉伸试验后发生损伤的 $[\pm 45]_{10}$ 层合板进行三点弯曲试验,跨距为 120 mm。

衰减系数 $\alpha_i (i = 1 \sim 7)$ 由试验得到,具体为试验曲线斜率的变化率。若选用双线性模量,则 $\alpha_i = k_2 / k_1$,其中 k_i 为曲线斜率。若选用多线性模量,试验曲线分为 n 段,则 $\alpha_{i(n-1)} = k_n / k_{n-1}$。

①α_1 由 $[0/90]_{10}$ 拉伸试验确定。试验过程中会出现横向树脂开裂,跟踪载荷-应变曲线,会得到随树脂开裂层板的刚度下降情况。如图 3.2 所示为碳纤维/环氧树脂 $[0/90]_{10}$ 拉伸试验的载荷-应变曲线。试验过程中曲线斜率没有发生变化,因此 $\alpha_1 = 1$;

②α_2 由 $[\pm 45]_{10}$ 层板拉伸试验确定。在加载过程中试件会出

现面内剪切破坏,跟踪载荷-应变曲线,可得到剪切破坏对层板剪切刚度的影响,如图 3.3 所示。将该曲线分为两段,计算得 $\alpha_2 = 0.44$;

③α_3,α_4 根据 α_1,α_2 确定,$\alpha_3 = k\alpha_1$,$\alpha_4 = k\alpha_2$,其中 k 为经验系数,这里取 $k = 0.7$;

④α_5 由三点弯曲试验确定。该试验可确定材料的层间剪切强度,在试验过程中发现,层间分层破坏是逐渐产生的,跟踪载荷-位移曲线,可得到层间分层损伤对弯曲刚度的影响,试验结果如图 3.4 所示。弯曲刚度有两次明显下降,当应力超过 A 点应力时,$\alpha_5 = 0.8$,应力超过 B 点时,$\alpha_5 = 0.45$;取 $\alpha_6 = 0.67$;

⑤α_7 由 $[\pm 45]_{10}$ 层板拉伸后弯曲试验确定。 对未损伤的 $[\pm 45]_{10}$ 层板进行三点弯曲试验,得载荷-位移曲线;对 $[\pm 45]_{10}$ 层板进行拉伸试验,加载至出现面内剪切损伤后,再对其进行弯曲试验,得载荷-位移曲线,将两曲线进行对比,即得到面内损伤对弯曲刚度的影响。试验结果如图 3.5 所示,$\alpha_7 = 0.6$。

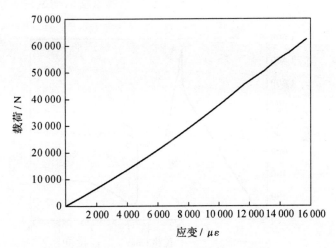

图 3.2　$[0/90]_{10}$ 拉伸试验的载荷-应变曲线

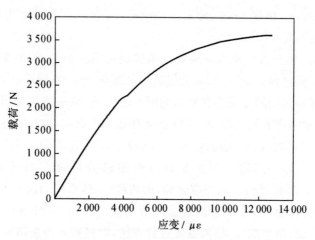

图 3.3　[±45]₁₀层板拉伸试验的载荷-应变曲线

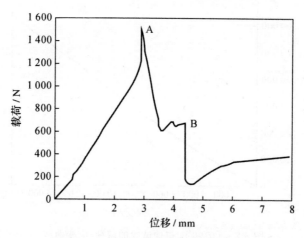

图 3.4　三点弯曲试验的载荷-位移曲线

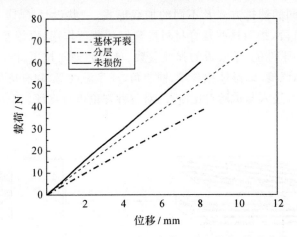

图 3.5 ［±45］$_{10}$ 层板拉伸后弯曲试验的载荷-位移曲线

3.4 算例分析与验证

3.4.1 算例描述

1991 年 Hinton,Soden 和 Kaddour 在英国的工程与自然科学研究委员会和机械工程师协会支持下组织了复合材料"破坏分析奥运会"评估,旨在判断现有各种理论对纤维增强复合材料层合板破坏机理的反映程度、全面理解这些理论的优缺点、思考如何完善目前的力学模型以及方便设计者综合了解这些理论的预测能力。本次评估针对工程中应用最为广泛的聚合物基复合材料层合板(包括单向板)。组成材料分别是两种不同的碳纤维与玻璃纤维(原因也是这两种纤维应用最广),以及性能略有差异的 4 种环氧树脂,由其构成 4 种材料组合,制备得到 4 种单向板。评估所涉及的层合板由这 4 种单向板按一定铺排角(见图 3.6(a))叠合得到,所加的载荷为面内(见图 3.6(b))静载,没有考虑动载、横向弯曲载荷作用。针对不同的材料组合、不同的铺排方式及不同的加载形式,一共设计了 14 种考题。在盲算阶段,指明这些复合材料受到何种载荷作用、原始参数(组成材料的力学性能、单层板的弹性参数、单层的轴向拉压、横向拉压及面内剪切强度、纤维体积含量、铺层角、成型温度等)和有待预报的性能。然后,进入与试验对比阶段,对各种理论进行点评。

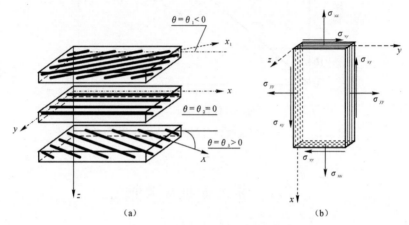

图 3.6 层合板构造及加载示意图

(a)层合板 $[\theta_1/\theta_2/\theta_3]$ 铺层方式;(b)层合板载荷示意图

这里选出其中部分考题[120]作为模型的验证算例,见表 3.1。涉及到的单层板的基本力学性能见表 3.2。

表 3.1 考题涉及到的层合板类型、厚度、材料类型、载荷特征和结果绘制要求[120]

编 号	层合板	单层板厚度	纤维/基体组合	载荷特征	结果绘制要求
1	$[\pm55]_s$	每层 0.25 mm	Silenka/MY 750 epoxy	$\sigma_{yy}:\sigma_{xx}=1:0$	$\sigma_{yy}-\varepsilon_{yy}$ 和 $\sigma_{yy}-\varepsilon_{xx}$ 应力-应变曲线
2	$[0/\pm45/90]_s$	每层 0.137 5 mm	AS4/3501-6 epoxy	$\sigma_{yy}:\sigma_{xx}=1:0$	$\sigma_{yy}-\varepsilon_{yy}$ 和 $\sigma_{yy}-\varepsilon_{xx}$ 应力-应变曲线
3				$\sigma_{yy}:\sigma_{xx}=2:1$	

续　表

编号	层合板	单层板厚度	纤维/基体组合	载荷特征	结果绘制要求
4	$[\pm 45]_s$	每层 0.25 mm	Silenka/MY 750 epoxy	$\sigma_{yy} : \sigma_{xx} = 1 : 1$	$\sigma_{yy} - \varepsilon_{yy}$ 应力-应变曲线
5				$\sigma_{yy} : \sigma_{xx} = 1 : -1$	$\sigma_{yy} - \varepsilon_{yy}$ 和 $\sigma_{yy} - \varepsilon_{xx}$ 应力-应变曲线
6	$[0/90]_s$	每层 0.26 mm	Silenka/MY 750 epoxy	$\sigma_{yy} : \sigma_{xx} = 0 : 1$	$\sigma_{xx} - \varepsilon_{yy}$ 和 $\sigma_{xx} - \varepsilon_{xx}$ 应力-应变曲线

表 3.2　单层板的力学性能

纤维类型	AS4	Silenka E – glass 1200tex
基体类型	3501 – 6 epoxy	MY750 /HY917/DY063 epoxy
工艺说明	预浸料	长丝缠绕
生产商	Hercules	DRA
纤维体积含量，V_f/(%)	0.6	0.6
轴向模量，E_{11}/GPa	128.0	45.6
横向模量，E_{22}/GPa	11.0	16.2
平面内剪切模量，G_{12}/GPa	6.60	5.83
主方向(平面内)泊松比，ν_{12}	0.280	0.278
厚度方向泊松比，ν_{23}	0.4	0.4
轴向拉伸强度，X_T/MPa	1 950	1 280
轴向压缩强度，X_C/MPa	1 480	800
横向拉伸强度，Y_T/MPa	48	40
横向压缩强度，Y_C/MPa	200	145

续 表

纤维类型	AS4	Silenka E - glass 1200tex
平面内剪切强度，S /MPa	79	73
轴向极限拉伸应变，ε_{1T}/（%）	1.380	2.087
轴向极限压缩应变，ε_{1C}/（%）	1.175	1.754
横向极限拉伸应变，ε_{2T}/（%）	0.436	0.246
横向极限压缩应变，ε_{2C}/（%）	2.0	1.2
平面内极限剪切应变，$\gamma_{12\mu}$ /（%）	2	4

3.4.2 渐进失效分析

首先需要交代的是，复合材料"破坏分析奥运会"试验中所用的试样为管状试样，其几何参数如图 3.7 所示。在本算例的渐进失效分析中，应力、应变的分析采用 ANSYS 有限元软件完成，试件几何模型同样采用管状，具体参数如图 3.7 所示。其有限元模型如图 3.8 所示，采用 Shell91 单元，共划分 2 400 单元、3 360 节点。如图 3.9 所示为 [0/90]ₛ 试样有限元模型中的铺层顺序。

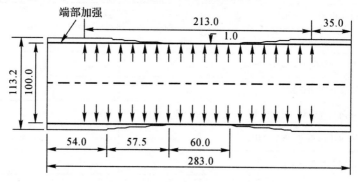

图 3.7 管状试件的几何参数

图 3.8　管状试样的有限元模型

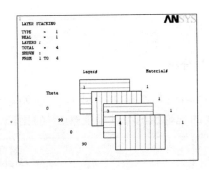

图 3.9　有限元模型中 $[0/90]_s$ 的铺层顺序

　　失效判据采用二维模型的 Hashin 准则,见式(3.11)和式(3.12)。刚度退化准则根据 3.4 节的方法确定各材料的刚度衰减系数,见表 3.3。

　　(1)基体开裂:

当 $\sigma_2 > 0$ 时,有

$$\left(\frac{\sigma_2}{Y_T}\right)^2 + \left(\frac{\tau_{12}}{S}\right)^2 = 1$$

当 $\sigma_2 \leqslant 0$ 时,有

$$\left(\frac{\sigma_2}{Y_C}\right)^2 + \left(\frac{\tau_{12}}{S}\right)^2 = 1$$

(3.11)

（2）基纤剪切：

当 $\sigma_1 \leqslant 0$ 时，有 $\qquad \left(\dfrac{\sigma_1}{X_C}\right)^2 + \left(\dfrac{\tau_{12}}{S}\right)^2 = 1 \qquad (3.12)$

（3）纤维断裂：

当 $\sigma_2 > 0$ 时，有 $\qquad \left.\left(\dfrac{\sigma_1}{X_T}\right)^2 = 1 \right\}$

$\qquad\qquad\qquad\qquad\qquad\qquad\qquad\qquad\qquad\qquad (3.13)$

当 $\sigma_2 \leqslant 0$ 时，有 $\qquad \left(\dfrac{\sigma_1}{X_C}\right)^2 = 1$

表 3.3　材料的刚度衰减系数

	α_1	α_2	α_3	α_4	α_5	α_6	α_7
AS4/3501-6	0.9	0.38	0.63	0.34	0.8	0.7	0.6
Silenka/MY750	0.78	0.32	0.55	0.22	0.67	0.67	0.6

3.4.3　结果与分析

如图 3.10～图 3.15 所示给出了以上 6 个考题在相应载荷条件下应力-应变曲线的理论预测与试验观察[121]的比较。

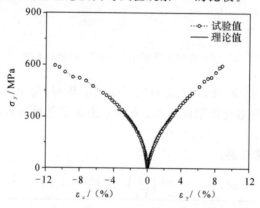

图 3.10　载荷 $\sigma_{yy}:\sigma_{xx}=1:0$ 作用下 Silenka/MY750 材料 $[\pm 55]_s$ 层合板应力-应变曲线

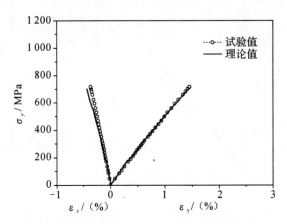

图 3.11　载荷 $\sigma_{yy} : \sigma_{xx} = 1 : 0$ 作用下 AS4/3501 - 6
材料 $[0/\pm 45/90]_S$ 层合板应力-应变曲线

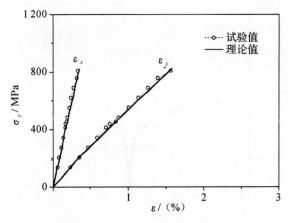

图 3.12　载荷 $\sigma_{yy} : \sigma_{xx} = 2 : 1$ 作用下 AS4/3501 - 6
材料 $[0/\pm 45/90]_S$ 层合板应力-应变曲线

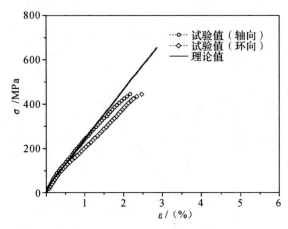

图 3.13　载荷 $\sigma_{yy} : \sigma_{xx} = 1 : 1$ 作用下 Silenka/MY750
材料 $[\pm 45]_s$ 层合板应力-应变曲线

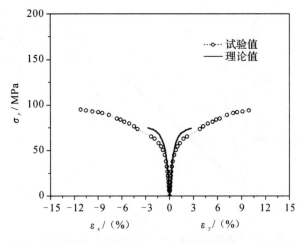

图 3.14　载荷 $\sigma_{yy} : \sigma_{xx} = 1 : -1$ 作用下 Silenka/MY750
材料 $[\pm 45]_s$ 层合板应力-应变曲线

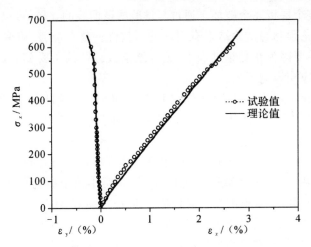

图 3.15　载荷 $\sigma_{yy} : \sigma_{xx} = 0 : 1$ 作用下 Silenka/MY750
材料 $[0/90]_s$ 层合板应力-应变曲线

　　载荷 $\sigma_{yy} : \sigma_{xx} = 1 : 0$ 作用下 Silenka/MY750 材料 $[\pm 55]_s$ 层
合板应力-应变曲线如图 3.10 所示。定性地看，所采用模型能够充
分描述试验结果，直到 $\sigma_{yy} = 383$ MPa。此时，理论模型预测到层板
中的压应力达到其极限值，这与试验极其相符。因为测试中没有安
装衬垫的试样正好在该应力点发生泄漏，似乎可以合理地讲，由于横
向压缩应力导致试样中的裂纹合并，这与理论模型一致。曲线的非
线性充分说明层板刚度在加载过程中的渐近退化。

　　载荷 $\sigma_{yy} : \sigma_{xx} = 1 : 0$ 作用下 AS4/3501 - 6 材料 $[0/\pm 45/90]_s$
层合板应力-应变曲线如图 3.11 所示。理论方法可预测到 4 个变形
阶段：①层合板的弹性变形阶段，该阶段持续到 $\sigma_{yy} = 241$ MPa。此
时，0°层由于横向拉伸作用开始出现基体开裂；②变形的第二阶段一
直持续到 $\sigma_{yy} = 466$ MPa。此时，在 $\pm 45°$ 层中由于剪切作用基体开
始出现开裂；③变形的第三阶段截止到 $\sigma_{yy} = 728$ MPa，此阶段内只
有 90°层没有出现损伤；④变形的第四阶段，亦即层板的最终破坏阶
段，开始并终结于 $\sigma_{yy} = 728$ MPa。此时，由于 90°层的纵向拉伸失

效,使整个层板完全破坏。通过与试验测试曲线的比较,可以清楚地看到理论预测与试验结果有很好的一致性。整个应力-应变曲线呈线性,主要因为在受载过程中,碳纤维承载载荷的主要部分,基体的开裂对应变影响不大。

载荷 $\sigma_{yy} : \sigma_{xx} = 2 : 1$ 作用下 AS4/3501-6 材料 $[0/\pm45/90]_s$ 层合板应力-应变曲线如图 3.12 所示。理论方法可预测到 5 个变形阶段:①层合板的弹性变形阶段,该阶段持续到 $\sigma_{yy} = 243$ MPa。此时,0°层由于横向拉伸作用开始出现基体开裂;②变形的第二阶段一直持续到 $\sigma_{yy} = 322$ MPa。此时,在 $\pm45°$ 层中由于剪切作用基体开始出现开裂;③变形的第三阶段截止到 $\sigma_{yy} = 487$ MPa。此时,90°层开始出现开裂;④变形的第四阶段从 $\sigma_{yy} = 487$ MPa 到 $\sigma_{yy} = 825$ MPa,该阶段所有层均出现内部裂纹;⑤第五阶段为层板的最终破坏阶段。当 $\sigma_{yy} = 728$ MPa 时,90°层由于纵向拉伸而失效,从而导致整个层板完全破坏。理论预测与试验结果一致性极好。应力-应变曲线呈线性,同样因为碳纤维承载大部分载荷。基体开裂首先出现在 0°层,其次 $\pm45°$ 层,最后 90°层,符合试验观察。

载荷 $\sigma_{yy} : \sigma_{xx} = 1 : 1$ 作用下 Silenka/MY750 材料 $[\pm45]_s$ 层合板应力-应变曲线如图 3.13 所示。试验结果显示轴向应变与环向应变明显不同,这可能由于技术上的误差或是加载时的应力比 $R = \sigma_{yy} : \sigma_{xx}$ 的不稳定造成的。根据试验员的记录,应变片读数的离散度为 22%,这样,理论预测曲线与试验结果之间的差距在该离散度范围之内。加上趋势上的充分相关,可以接受理论的预测效果。

载荷 $\sigma_{yy} : \sigma_{xx} = 1 : -1$ 作用下 Silenka/MY750 材料 $[\pm45]_s$ 层合板应力-应变曲线如图 3.14 所示。本例相当于 $[0/90]_s$ 层合板受纯剪力的情况,应力的传输完全通过基体完成,曲线表现出很强的非线性。从趋势上看,理论预测与试验观察基本一致,最终破坏的预测存在一定的差距。

载荷 $\sigma_{yy} : \sigma_{xx} = 0 : 1$ 作用下 Silenka/MY750 材料 $[0/90]_s$ 层合板应力-应变曲线如图 3.15 所示。总的看,理论预测能比较充分

的体现试验观测。理论预测到两个主要的刚度退化点：一是 $\sigma_{xx}=$ 77.8 MPa 时的 90°层；二是 $\sigma_{xx}=315$ MPa 时的 0°层。这与试验观察基本一致。只是在曲线的最后阶段，试验观察到剪切损伤没有被理论模型很好的预测。

3.5　纤维缠绕复合材料圆筒结构渐进失效分析

3.5.1　纤维缠绕复合材料圆筒结构概述

考察一个纤维缠绕复合材料圆筒，所用材料为 T300/KH304，其性能参数见表 3.4，缠绕线型：$N_p=45$，$S_p=22$，$n=2$，缠绕角 ±56°，共 24 层；圆筒尺寸：壁厚 $t=8$ mm，长 $L=100$ mm，内半径 $r=$ 44 mm，外半径 $R=52$ mm。在圆筒上有四个直径为 10 mm 的均布圆孔。圆筒轴向受 300 MPa 均布载荷，内壁受均布内压 P。

表 3.4　T300/KH304 材料性能

模量 GPa	E_1	E_2,E_3	G_{12},G_{13}	G_{23}	$\upsilon_{12},\upsilon_{13}$	υ_{23}
	136.70	10.00	4.86	1.00	0.34	0.45
强度 MPa	X_T	X_c	Y_T,Z_T	Y_c,Z_c	R,S,T	
	1 604.9	1 441	40.5	239.7	84.0	

3.5.2　纤维缠绕复合材料圆筒渐进失效分析

1. 基于 ANSYS 软件的有限元建模

考虑到模型、载荷及约束的对称性，取复合材料圆筒的四分之一部分进行建模分析，采用 SOLID46 实体单元，网格划分如图 3.16 所示。厚度方向划分 8 个单元，圆孔周围划分 32 个单元，模型共有5 216个单元、6 525 个节点。内压载荷与约束情况如图 3.17 所示。

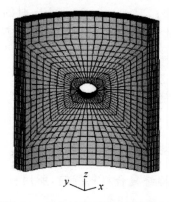

图 3.16　复合材料圆筒有限元网格

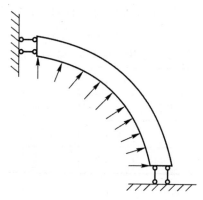

图 3.17　复合材料圆筒载荷与约束

2. 基于 ANSYS 软件的渐进失效分析实现

采用 ANSYS 软件的 APDL 二次开发语言[102-103,105]进行渐近失效程序的开发,流程图如图 3.18 所示。

(1)编制程序的前处理模块,使用材料参数作为与其他模块的接口。因为后面要对每个单元进行损伤模式识别,采用数组存储每个单元材料参数。单元坐标采用柱坐标系,每次求解完成后,需要将单元坐标系下的应力、应变转化到材料坐标系下。

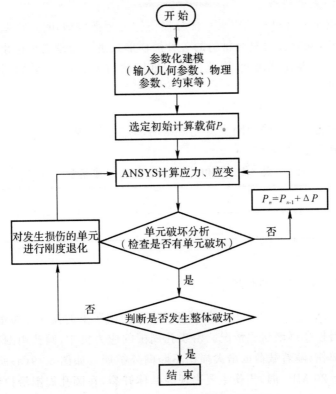

图 3.18 基于 ANSYS 的渐进失效分析流程图

（2）进行单元损伤识别模块和材料退化准则的开发。仍然以数组作为接口，通过使用循环语句和判断语句来完成。它主要包括两个循环：外循环（有关载荷增加的循环）和内循环（在同一载荷下进行单元退化直至没有单元发生损伤的循环），其中外循环包含内循环。在内循环中添加单元损伤模式识别判据和最终总体破坏判据，相应地在每个单元失效准则后面加上单元的材料退化准则。如果进行退化，那么将继续调用上面编制好的前后处理程序，如果满足最终破坏判据将结束所有过程。

3. 失效判据

由于复合材料的很大一部分损伤体现为面内剪切失效、基纤剪切失效,同时要对复合材料的各种损伤形式进行合理的理论模拟必需采用三维计算模型,因此采用三维模型的 Hashin 失效判据作为失效准则。

4. 刚度退化准则

根据 3.3 节关于刚度退化准则的确定方法,确定 T300/KH304 各衰减系数见表 3.5。

表 3.5　T300/KH304 刚度衰减系数

α_1	α_2	α_3	α_4	α_5	α_6	α_7
0.8	0.4	0.6	0.3	0.5	0.7	0.6

3.5.3　结果与分析

如图 3.19 所示为复合材料圆筒在不同内压下的损伤分布情况,即圆筒损伤逐渐累积情况。由于孔周围的应力集中,圆孔周围首先出现损伤,随着载荷的增大损伤不断向外扩展。如图 3.19(a)所示,当 $P = 20$ MPa 时,损伤主要表现为基体开裂,在圆孔周围沿拉伸方向伴有少量的基纤剪切;当 $P = 55$ MPa 时,由图 3.19(b)可以看到,损伤继续向外扩展,基体开裂损伤已扩展到整个复合材料,在圆孔周围应力集中处复合材料最外层有少量纤维断裂;当 $P = 90$ MPa 时,基纤剪切损伤继续向外扩展并在圆孔周围最外层处有明显纤维断裂损伤,如图 3.19(c)所示。

从损伤的分布情况看,在同一载荷水平下,最内层损伤最小,且分布在圆孔周围应力集中处,表现为基纤剪切损伤;中间层损伤分布较大,横穿整个壳体,损伤表现为基纤剪切;外层倾向于纤维断裂,分布较集中于圆孔周围应力集中处。

由图 3.19 中的最大应力点分布可以看出,在载荷一定的情况下,径向应力 σ_R 最大值在最内层为圆孔上、下对称分布。由内层往外层,σ_R 逐渐向圆孔顺时针方向移动。应力 σ_θ,σ_Z,σ_{RZ} 最大值的分布基本不随纤维几何位置移动。在几何位置一定的情况下,以上各应力最大值分布位置均不随载荷的变化而变化。

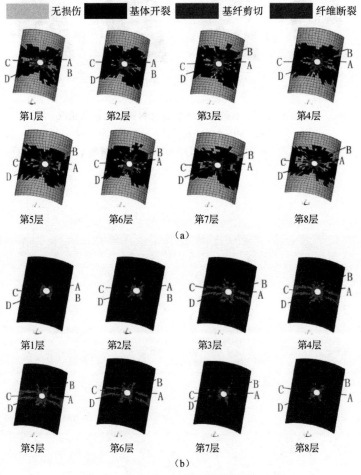

图 3.19　不同内压下复合材料圆筒的损伤情况

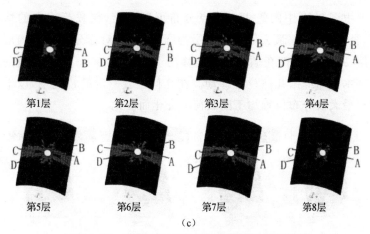

(c)

续图 3.19 不同内压下复合材料圆筒的损伤情况

(a)$P=20$ MPa 时的损伤情况；(b)$P=55$ MPa 时的
损伤情况；(c)$P=90$ MPa 时的损伤情况

第4章 复合材料结构概率渐进失效分析模型的建立与可靠性评估

第3章建立了复合材料结构渐进失效模型,认为复合材料结构的失效是一个损伤逐步累积的渐进失效的过程,算例表明该模型符合复合材料失效的实际情况,能够用来模拟复合材料结构的失效过程以及预测其最终承载能力。大量试验和研究表明,由于各项变异性的特点以及制造工艺的复杂性,复合材料本身存在大的统计变异性,因此必须考虑复合材料及其结构的随机性。本章在复合材料结构渐进失效分析的基础上,应用系统可靠性理论,建立复合材料结构概率渐进失效分析模型,对复合材料结构进行可靠性评估。

4.1 复合材料结构可靠性分析方法

在结构工程中,为保证结构的安全性和可靠性,就要从结构的组成材料、使用条件、环境等方面研究可能存在的各种随机不确定性,并利用适当的数学方法将这些随机不确定性与结构的安全性和可靠性联系起来,这就是结构随机可靠性理论。

复合材料结构的失效是一个损伤逐步累积的过程,当一个单层发生失效时,整个承载的拓扑结构也将发生变化。从结构的角度看,复合材料结构属于典型的静不定体系。这样,要想较为精确地预测复合材料结构的可靠性,必须使用系统工程的观点把复合材料结构作为一个结构系统来看待,采用结构系统可靠性分析的方法对结构进行可靠性分析[124]。结构系统可靠性理论中的系统有两个含义:第一,系统是由结构单元(组件)构成的具有一定功能关系的组合体;第二,系统失效有明确的演化历程,失效过程中系统的拓扑结构将发生明确的变化。这两点正好适用于复合材料结构失效的特点。

实际的复合材料结构系统是非常复杂的,需要对其进行理想化处理,包括串联结构系统、并联结构系统和混联结构系统。串联结构系统定义为任何一个组件(或子系统)的失效都会导致整个结构系统失效的结构系统;并联结构系统是仅当所有的组件(或子系统)都失效时系统才失效的结构系统。混联结构系统是由这两个基本的理想模型组合而成的复合结构系统,又可以进一步分为:①串联-并联系统,该系统是将由组件并联组成的子系统加以串联组成的复合系统;②并联-串联系统,是将由组件串联组成的子系统加以并联组成的复合系统;③混合并联系统。

设一个系统有 n 个组件,E_j 为组件 j 的失效事件,则串联结构系统和并联结构系统的系统失效事件分别表示为

$$E_{串} = E_1 \bigcup E_2 \bigcup \cdots E_n = \bigcup_{j=1}^{n} E_j \tag{4.1}$$

$$E_{并} = E_1 \bigcap E_2 \bigcap E_n = \bigcap_{j=1}^{n} E_j \tag{4.2}$$

相应的系统失效概率为

$$P_{f串} = P(E_{串}) = P\left(\bigcup_{j=1}^{n} E_j\right) \tag{4.3}$$

$$P_{f并} = P(E_{并}) = P\left(\bigcap_{j=1}^{n} E_j\right) \tag{4.4}$$

若系统为混联系统,则可根据其具体的拓扑形式通过串并联模型进行推导。

将式(4.3)和式(4.4)进行全概率展开,能够得到系统结构可靠度的精确解。但由于复杂结构的失效模式很多,数学计算十分复杂,有时候甚至是不可能的,给工程应用造成诸多不便。在工程中人们更多关心的是结构可靠度的范围,因此就出现了系统失效概率界限理论。

串联系统失效概率界限理论可分成简单界限理论、二阶界限理论和高阶界限理论。

Cornell[137] 提出简单界限理论,表达式为

$$\max P(E_i) \leqslant P_{\mathrm{fs}} \leqslant 1 - \prod_{i=1}^{m}(1 - P(E_i)) \text{ 或 } \sum_{i=1}^{m} P(E_i) \quad (4.5)$$

该理论只考虑了单个失效模式的失效概率而没有考虑失效模式间的相关性,其下界对应于各失效模式完全相关的情况,其上界为各失效模式完全统计独立的情况。

Ditlevsen[138] 提出了二阶窄界限理论,考虑了两个失效模式同时失效的概率,其上下界为

$$\left.\begin{aligned} P_{\mathrm{fs}} &\leqslant \sum_{i=1}^{m} P(E_i) - \sum_{i=2,j<i}^{m} \max P(E_i \cap E_j) \\ P_{\mathrm{fs}} &\geqslant P(E_1) + \sum_{i=2}^{m} \max\left\{\left[P(E_i) - \sum_{j=1}^{i-1} P(E_i \cap E_j)\right]; 0\right\} \end{aligned}\right\} \quad (4.6)$$

目前,可靠度界限理论主要针对串联系统进行的,对并联系统只给出较为简单的失效概率上下限,表达式为

$$\prod_{i=1}^{n} P(E_i) \leqslant P_{\mathrm{fs}} \leqslant \min_{i \in n} P(E_i) \quad (4.7)$$

类似于串联系统简单界限理论,并联系统的上下界确定未考虑失效模式的相关性,因此它给出的失效概率范围相对较宽。

4.2　复合材料结构概率渐进失效分析模型

4.2.1　复合材料结构系统单元和系统的定义

复合材料结构可靠性评估可以采用结构系统可靠性分析方法。通常,结构系统可靠性方法主要应用于框架和桁架结构,这类结构实际上一种离散体结构系统,在离散体结构系统中对单元和系统的定义是通过自然的组件完成的。这里不同的是,对于要研究的层合板结构、纤维缠绕结构等,实际上是一种连续体结构系统,连续体结构

系统对于单元和系统的定义有所不同。

对于一般的三维复合材料结构,通常采用有限单元程序对其进行结构分析。这种情况下,有限单元网格划分好后,结构可以认为是由网格划分后的单元组成的系统。如图4.1所示,在每个单元中,层板构成一个子系统。对每个子系统,考虑不同的失效模式,例如:基体开裂、纤维断裂和分层等,定义为层级组件失效。这些组件顺序失效,最终导致整个结构系统的失效。

顺序失效的组件构成一个失效序列,结构系统的失效可以通过组件的失效序列来评价。对于一个考虑了概率随机性的结构系统,这样的失效序列有很多个。在这种情况下,复合材料结构系统可以认为是一个由并联子系统组成的串联系统,如图4.2所示。也就是说,每一个失效序列是一个由基本失效事件构成的并联系统,整个结构系统的失效是所有失效序列的合集。

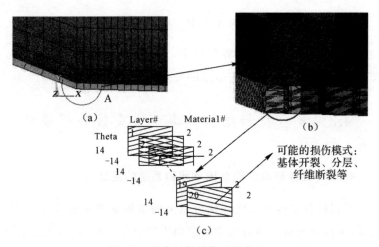

图 4.1　复合材料结构系统定义

(a)复合材料结构有限元网格;(b)A区域有限
单元的局部放大图;(c)有限单元内的层板子系统

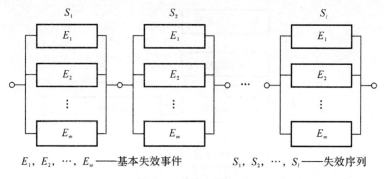

E_1，E_2，…，E_m——基本失效事件　　S_1，S_2，…，S_l——失效序列

图 4.2　系统失效序列

4.2.2　概率渐进失效分析基本流程

概率渐进失效分析的基本流程如图 4.3 所示，具体步骤如下。

（1）首先确定基本随机变量，通常包括材料性能、强度参数、载荷、层板方向和厚度等。

（2）将这些变量输入到结构分析程序中，例如有限单元程序，进行应力分析。

（3）结构分析结果代入组件的功能函数，评估组件的失效概率。

（4）假定：失效概率高的组件比失效概率低的组件先失效。对失效的组件，通过改变其刚度矩阵中的相应项进行模拟。

（5）对损伤的结构重新分析，更多的失效发生，直到整个系统破坏。

整个分析程序主要包括应力分析、考虑组件失效而进行的刚度矩阵的修改以及失效概率的计算。应力分析可以通过有限元程序（如 ANSYS 软件）完成；刚度矩阵的修改通过刚度退化准则完成，具体参考 3.3 节刚度退化准则和 3.5 节中基于 ANASYS 软件的渐进失效分析；失效概率的计算部分将在 4.2.3 小节介绍。

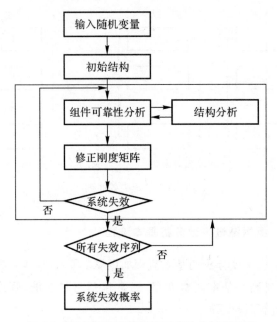

图 4.3 概率渐进失效系统可靠性分析流程图

4.2.3 概率渐进失效分析中的失效概率计算

复合材料结构概率渐进失效分析中失效概率计算主要包括组件失效概率的计算和主要失效序列的识别。

1. 组件失效概率的计算

关于组件失效概率的计算有很多比较有效的计算方法,包括各种近似方法(例如均值一次二阶矩法[125]、改进的一次二阶矩法[126]等)、模拟方法[128]、随机有限元法[129-136]等。下面对要用到的方法加以阐述。

(1)一次二阶矩法(FOSM)。

一次二阶矩法[125]是对结构功能函数取变量的一次项部分(即线性化),以变量的一阶、二阶矩为概率特征进行可靠度计算的一种方法。

将功能函数 $g(X)$ 在各基本变量均值点处泰勒展开,保留二次项得

$$g(X) \approx g(x^*) + \sum_{i=1}^{n} \left(\frac{\partial g}{\partial x_i}\right)(x_i - x_i^*) +$$

$$\frac{1}{2}\sum_{i=1}^{n}\sum_{j=1}^{n}\left(\frac{\partial^2 g}{\partial x_i \partial x_j}\right)(x_i - x_i^*)(x_j - x_j^*) \quad (4.8)$$

为避免高阶矩引起的困难,忽略二次以上项,将安全裕量函数线性化,即

$$g(X) \approx g(x^*) + \sum_{i=1}^{n}\left(\frac{\partial g}{\partial x_i}\right)(x_i - x_i^*) \quad (4.9)$$

于是安全裕量函数的均值和方差为

$$\left.\begin{aligned} \mu_g &= g(\overline{x}^*) \\ \sigma_g^2 &= \sum_{i=1}^{n}\left(\frac{\partial g}{\partial x_i}\right)^2 \sigma_{x_i}^2 + \sum_{i}^{n}\sum_{j}^{n}\left(\frac{\partial g}{\partial x_i}\right)\left(\frac{\partial g}{\partial x_j}\right)\mathrm{cov}(x_i, x_j) \quad (i \neq j) \end{aligned}\right\}$$

$$(4.10)$$

可靠性指标 $\beta_k = \mu_g / \sigma_g$。

(2)改进的一次二阶矩法(AFOSM)。

1)H – L 法。FOSM 法略去了泰勒级数中的高阶项,对非线性程度高的功能函数将产生较大的误差,且对同一问题采用不同的功能函数,将得出不同的结果。基于此,Hasofer 和 Lind[126] 建议采用失效面取代安全裕量函数确定结构可靠度指数 β,其中失效面由安全裕量函数极限状态方程确定,失效面将 n 维欧氏空间划分成失效区($g(X) < 0$)、可靠区($g(X) > 0$)。Hasofer 和 Lind 认为可靠度指数 β 的大小等于均值点到失效面($g(X) = 0$)的距离。若将基本变量正则化处理,则可靠度指数 β 的大小等于标准正态坐标中坐标原点到失效面的最短距离。因此 AFOSM 求可靠性指标 β 转化为以下优化问题,即在满足约束条件 $g'(Y) = g'(y_1, y_2, \cdots, y_n) = 0$ 条件下,寻求目标函的最小化,这里的目标函改为可靠性指标 β,按下式计算。

$$\beta = \Big[\sum_{i=1}^{n} y_i^2 \Big]^{1/2} \tag{4.11}$$

式中 $y_i = \dfrac{x_i - x_i^*}{\sigma_{x_i}}$，$g'(\cdot)$ 是经正则化后的极限状态方程。

2)R－F法。H－L法仅适用于基本变量为正态分布的情况，对于非正态变量的情况，Rackwitz 和 Fiessler[127] 提出了一种等效正态变量法，简称 R－F 法。设非正态随机变量 $x_i(i=1,2,\cdots,n)$ 的分布函数为 $F_i(x_i)$，密度函数为 $f_i(x_i)$，则在验算点 x_i^* 处的等效正态分布的均值 μ_i' 和标准差 σ_i' 如下：

$$\left. \begin{aligned} \sigma'_i &= \frac{\varphi\{\phi^{-1}[F_i(x_i^*)]\}}{f_i(x_i^*)} \\ \mu'_i &= x_i^* - \sigma_i'\phi^{-1}[F_i(x_i^*)] \end{aligned} \right\} \tag{4.12}$$

式中 $\phi(\cdot)$，$\varphi(\cdot)$，$\phi^{-1}(\cdot)$ 分别为标准正态分布的分布函数、密度函数及其反函数。这样将一般随机变量转化为正态随机变量，然后按照 FOSM 进行结构可靠度计算。

（3）随机有限元方法。

随机有限元法（Stochastic Finite Element Method，SFEM）是在有限元方法的基础之上发展起来的随机的数值分析方法，它是随机分析理论与有限元方法相结合的产物。

根据对结构进行随机分析的方法与手段不同，随机有限元可分为以下几类：一类是统计的方法，就是通过大量的随机抽样，对结构反复进行有限元计算，将得到的结果做统计分析，得到该结构的失效概率或可靠度，这种方法称为蒙特卡罗（Monte－Carlo，MC）随机有限元法[128-129]。另一类分析的方法，就是以数学、力学分析作为工具，找出结构系统的响应（确定的或随机的）与输入信号（确定的或随机的）之间的关系，并据此得到结构应力、应变或位移的统计规律，得到结构的失效概率或可靠度。这一类方法主要有摄动随机有限元法[130-131]（PSFEM）、纽曼随机有限元法[132-133]（NSFEM）等。还有一类新的方法,它利用对随机变量的概率密度函数进行积分得到结构位移、应力和应变等响应的统计结果,被称为积分随机有限元法[134-136](ISFEM)。该方法可以利用确定性有限元来进行随机分析,它不涉及有限元的具体实现过程,在计算中利用较少的积分点即可达到较高的计算精度,对于复杂几何形状以及材料非线性结构的随机分析具有一定的优势。

1)单变量随机有限元列式。设含有随机参数 α 的结构有限元方程为

$$\boldsymbol{K}(\alpha,\delta) * \delta = \boldsymbol{F}(\alpha) \tag{4.13}$$

其中 $\boldsymbol{K}$,$\boldsymbol{F}$ 为总刚矩阵和载荷矩阵。由式(4.13)解得的位移响应 $\boldsymbol{\delta}$ 是随机的,结构应力、应变等响应量均为位移响应 $\boldsymbol{\delta}$ 的导出量,因而也是随机的。

设

$$Z = G(\alpha) \tag{4.14}$$

为上述的各种随机响应量,一般地,式(4.14)没有解析表达式,需通过数值方法进行求解。假设随机参数 α 服从标准正态分布,其密度函数为

$$f(\alpha) = \frac{1}{\sqrt{2\pi}} \exp(-\frac{\alpha^2}{2}) \tag{4.15}$$

由概率论的知识可知 Z 的各阶统计量为

均值:

$$\mu = \frac{1}{\sqrt{2\pi}} \int_{-\infty}^{+\infty} G(\alpha) * \exp(-\frac{\alpha^2}{2}) \mathrm{d}\alpha \tag{4.16}$$

k 阶中心矩:

$$M^k = \frac{1}{\sqrt{2\pi}} \int_{-\infty}^{+\infty} (G(\alpha) - \mu)^k * \exp(-\frac{\alpha^2}{2}) \mathrm{d}\alpha \tag{4.17}$$

令 $x = \frac{\alpha}{\sqrt{2}}$,则式(4.16)和式(4.17)可变换为

$$\mu = \frac{1}{\sqrt{\pi}} \int_{-\infty}^{+\infty} G'(x) * \mathrm{e}^{-x^2} \, \mathrm{d}x \tag{4.18}$$

$$M^k = \frac{1}{\sqrt{\pi}} \int_{-\infty}^{+\infty} (G' - \mu)^k * \mathrm{e}^{-x^2} \, \mathrm{d}x \tag{4.19}$$

式(4.18)和式(4.19)的 Hermite 数值积分求解为

$$\int_{-\infty}^{+\infty} F(x) * \mathrm{e}^{-x^2} \, \mathrm{d}x = \sum_{i=1}^{m} \lambda_i * F(x_i) \tag{4.20}$$

式中，$x_i (1 = 1, 2, \cdots, m)$ 是积分点，λ_i 为相应的权重。

Z 的均值和各阶中心矩的 m 点 Hermite 积分格式为

$$\mu = \sum_{i=1}^{m} P_i G(\alpha_i) \tag{4.21}$$

$$M^y = \sum_{i=1}^{m} P_i (G(\alpha_i) - \mu)^k \tag{4.22}$$

式中，$\alpha_i = \sqrt{2}\, x_i$，$P_i = \lambda_i / \sqrt{\pi}$。

积分点及权重见表 4.1，对于非标准正态的随机变量，可利用相关变换将其变换为标准正态随机变量后再用上述方法进行计算。

2) 多变量随机有限元列式。设 U 为 n 维随机向量 $U = \{u_1, u_2, \cdots u_n\}$，其均值为 $\bar{U} = \{\bar{u}_1, \bar{u}_2, \cdots, \bar{u}_n\}$，令 $U_i = \{\bar{u}_1, \bar{u}_2, \cdots u_i, \cdots \bar{u}_n\}$，即 U_i 中除了 u_i 外，其余的随机变量为其均值。与式(4.18)和式(4.19)式对应的响应 $Z = G(U)$ 的统计量由如下方法获得。

取 Z 的近似表达式为

$$Z' = \sum_{i=1}^{n} (Z_i - \bar{Z}) + \bar{Z} \tag{4.23}$$

其中 $Z_i = G(U_i)$，$\bar{Z} = G(\bar{U})$，则 Z 的统计量可由其近似量 Z' 导出，有

$$\mu = \sum_{i=1}^{n} (\mu_i - \bar{Z}) + \bar{Z} \tag{4.24}$$

$$\sigma^2 = \sum_{i=1}^{n} \sigma_i^2 \tag{4.25}$$

式中，μ_i，σ_i^2 为响应 Z_i 的均值和方差。

对于 n 个变量情况,如果每个变量都取 m 个积分点,那么完成确定性有限元的次数为 m^n,一般来说,这个数目是巨大的,由于使用了式(4.23)这一近似表达式,结构的均值和方差的计算就变的简单多了,其计算次数为 $n \times m$,大大减小了计算量。如果输入的随机向量相关,必须将随机向量变换为相互独立的变量方可用上述方法进行计算。

表 4.1 积分点及权重

m	x_i	P_i
3	± 1.732 051	0.166 667
	0.000 000	0.666 667
5	± 2.856 970	0.011 257
	± 1.355 626	0.222 076
	0.000 000	0.533 333
7	± 3.750 440	0.000 548
	± 2.366 760	0.030 757
	± 1.154 405	0.240 123
	0.000 000	0.457 143
9	± 4.512 746	0.000 022
	± 3.205 429	0.002 789
	± 2.076 848	0.049 918
	± 1.023 256	0.244 098
	0.000 000	0.406 349
11	± 5.188 001	0.000 000 8
	± 3.936 168	0.000 196 0
	± 2.865 124	0.006 720 0
	± 1.876 035	0.066 138 0
	± 0.928 869	0.242 240 0
	0.000 000	0.369 408 0

2. 主要失效序列的识别

复合材料结构概率渐进失效分析中主要失效序列识别算法的核心[124]有两个：① 如何实现结构的失效状态转移；② 如何快速、正确地生成复合材料结构系统失效树的主干和主枝。对于复合材料结构系统，其可能的失效路径有很多，当进行失效状态转移时，转移的路径自然就不止一个，会出现分枝现象。显然，如果在每一个分枝点都考虑所有的分枝可能，即采用穷举算法，只进行分枝操作，必然导致组合爆炸。为了避免这一点，必须进行约界操作，将那些不太可能发展成为重要失效树分枝的失效路径提前删除，以避免分枝规模的扩大。结构系统主要失效序列识别算法成功与否的关键，在于能否建立合理、高效的约界准则和约界算法。采用的分枝－界限方法基本步骤如下。

第一步：计算复合材料层合板结构中各单元层的可靠性指标和相应的失效概率。

第二步：假设失效概率最大(P_{fmax}^1)的单元层首先发生破坏，根据刚度退化准则修改相应层合板的刚度。

第三步：根据修改后的刚度重新计算可靠性指标，重复第一步，直到系统全部失效，这样就确定了第一条失效序列。为了寻找第二条失效序列，在第二步时选择失效概率第二大的单元层发生破坏，完成以上的计算。为了确定主要的失效序列，需要设置一个比例系数，单元层的失效概率小于P_{fmax}^1与该比例系数的乘积时就不再考虑。

在计算单元层的失效概率时，要建立各单元层的功能函数，可以通过3.2节的失效判据完成。例如，若采用式(3.11)和式(3.12)表示的二维Hashin准则，其功能函数表示如下。

（1）基体开裂：

$$
\left.
\begin{aligned}
\text{当 } \sigma_2 > 0 \text{ 时，有} \quad & g_m = 1 - \left(\frac{\sigma_2}{Y_t}\right)^2 + \left(\frac{\tau_{12}}{S}\right)^2 \\
\text{当 } \sigma_2 \leqslant 0 \text{ 时，有} \quad & g_m = 1 - \left(\frac{\sigma_2}{Y_c}\right)^2 + \left(\frac{\tau_{12}}{S}\right)^2
\end{aligned}
\right\} \tag{4.26}
$$

（2）基纤剪切：

当 $\sigma_1 \leqslant 0$ 时，有　　　　$g_{mf} = 1 - \left(\dfrac{\sigma_1}{X_c}\right)^2 + \left(\dfrac{\tau_{12}}{S}\right)^2$　　　　(4.27)

（3）纤维断裂：

$$\left. \begin{aligned} \text{当 } \sigma_2 > 0 \text{ 时，有} \qquad g_f &= 1 - \left(\frac{\sigma_1}{X_t}\right)^2 \\[2mm] \text{当 } \sigma_2 \leqslant 0 \text{ 时，有} \qquad g_f &= 1 - \left(\frac{\sigma_1}{X_c}\right)^2 \end{aligned} \right\} \qquad (4.28)$$

4.3　基于概率渐进失效分析的复合材料结构可靠性评估

通过复合材料结构概率渐进失效分析得到复合材料结构的主要失效序列，复合材料结构可靠性评估通过主要失效序列的失效概率来评价。假设第 k 条失效序列有 m 个失效事件，构成一个并联系统，根据式（4.4），失效概率表示为它的基本事件的交集的概率，即

$$P_f^k = P\left(\bigcap_{j=1}^m E_j^k\right) \qquad (4.29)$$

这里，E_j^k 为第 k 条失效序列中的第 j 个失效事件。也可以根据式（4.7）计算出它的上下界。

对于复合材料结构，通常存在一个或两个组件，与其他组件相比有非常小的失效概率，这在后面的算例中会看到。这种情况下，可以采用一个更简单的算式来近似联合概率[139]，即

$$P\left(\bigcap_{j=1}^m E_j^k\right) \leqslant P\left(E_1 \bigcap E_2\right) \qquad (4.30)$$

式中，E_1 和 E_2 是失效序列中发生可能性最小的事件。一般情况下，部分失效事件是相关的，公式中联合概率的计算是困难的。尤其对复合材料，它的基本随机变量通常是非正态的，极限功能函数是非线性的。针对此问题设计了一个近似方法，如图 4.4 所示。联合失效区域用 y_{12}^* 点的超平面近似分界，该点是联合失效面离原点最近的点，在 Y 空间极限状态曲面 $G_1(y) = 0$ 和 $G_2(y) = 0$ 的交集上。问题

变为含约束最小优化问题,即在满足的条件 $g_1(y)=0$ 和 $g_2(y)=0$ 情况下,寻求目标函数 $\sqrt{y^T y}$ 最小化。这里的 $\sqrt{y^T y}$ 为联合失效面上的点到原点的距离,得到的最优解为联合失效面、离原点最近的点 y_{12}^*。

通过求解以上优化问题找到 y_{12}^* 点后,将极限状态曲面 $g_1(y)=0$ 和 $g_2(y)=0$ 在 y_{12}^* 点进行线性处理,两极限状态之间的相关系数 ρ_{12} 可以用极限状态曲面在 y_{12}^* 点的两个单位向量 $\boldsymbol{\alpha}_1$ 和 $\boldsymbol{\alpha}_2$ 表示,即

$$\rho_{12} = \sum_{r=1}^{n} \boldsymbol{\alpha}_{1r} \boldsymbol{\alpha}_{2r} \tag{4.31}$$

式中,$\boldsymbol{\alpha}_{1r}$ 和 $\boldsymbol{\alpha}_{2r}$ 是类似于公式中定义的梯度。n 为随机变量的数目。这样,联合失效概率采用二维标准正态累积分布计算为

$$P(E_1 \cap E_2) = \Phi(-\beta_1, -\beta_2, \rho_{12}) \tag{4.32}$$

如果确定了 L 条主要失效序列,那么整个系统是由 L 条主要失效序列构成的串联系统,根据式(4.5),其失效概率 P_f 可近似为

$$\max_{k=1.l} P_f^k \leqslant P_f \leqslant \sum_{k=1}^{l} P_f^k \tag{4.33}$$

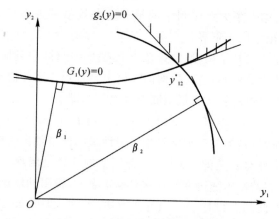

图 4.4 联合失效事件的二阶逼近

4.4　算　例

研究一个典型的 T300/5208 层板,铺层顺序为 $[90/\pm45/0]$,每层厚度为 0.25 mm,层板系统受力如图 4.5 所示。强度参数 X_T,X_C,Y_T,Y_C,S,载荷 N 和 M 均视为基本随机变量。假设强度参数服从威布尔分布,载荷 N 和 M 服从 I 型的极值分布。

在寻求主要失效序列的分枝-界限法中,需设置的比例系数取为 0.3,失效概率大于最大组件失效概率 0.3 倍的组件被保留进一步研究,其他的被删除。对于层板 $[90/\pm45/0]$,有 4 个不同方向的铺层,每个铺层有两个基本事件(基体开裂、纤维断裂),这样有 8 个基本事件。用铺层方向和失效(损伤)事件的类型对基本失效事件进行标识,例如:90M 表示 $90°$ 层的基体开裂事件,45F 表示 $45°$ 层纤维断裂事件。

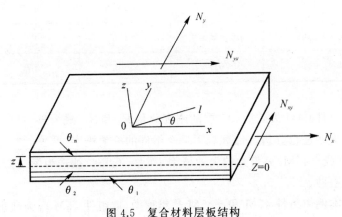

图 4.5　复合材料层板结构

4.4.1　面内拉伸载荷作用的层合板

本算例中,仅施加轴向载荷 N_x,其均值为 300.0 kN/m,变异系数为 0.10。在初始状态，层板是完好的。计算了所有 8 个组件的失效概率，见表 4.2。可以清楚地看到，组件 90M 有最大的失效概率 $P_{\mathrm{fmax}}^1 = 0.655$。将其他组件的失效概率值与取舍值（0.3 * 0.655）比较，看到当第一个组件失效时，只有组件 90M 可以被分枝。

表 4.2　初始状态组件的失效概率

组　　件	失效概率	β	操　　作
90M	0.655	-0.398	分枝
45M	0.088	1.355	约界
-45M	0.088	1.355	约界
0F	4.135E $-$ 7	4.929	约界
0M	3.347E $-$ 7	4.970	约界
45F	3.626E $-$ 20	9.135	约界
-45F	3.626E $-$ 20	9.135	约界
90F	2.576E $-$ 22	9.645	约界

组件 90M 失效后，90°层的刚度分量 E_2 和 G_{12} 减为零，对损伤的结构重新进行分析。计算剩下 7 个组件的失效概率，见表 4.3。组件 45M（或 -45M）有最大的失效概率 $P_{\mathrm{fmax}}^2 = 0.134$，被选为第二阶段失效的组件。

本例中组件 45M 和 -45M 是对称的，取组件 45M 作为代表，即组件 45M 继组件 90M 之后失效。与组件 45M 相关的刚度矩阵分量被修改。重新进行结构分析与失效概率计算，见表 4.4。

由表 4.4 知，组件 -45M 显然是下一个失效的组件。在 90M，45M，-45M 依次失效后，对损伤的结构重新进行应力分析和失效概率计算,结果见表 4.5。有两个可能的失效路径:0F 和 0M,首先选择组件 0F 失效。相应地,该层的刚度分量 E_1 减为 0。再次计算失效概率见表 4.6。

表 4.3 第一阶段组件的失效概率

组 件	失效概率	β	操 作
45M	0.134	1.106	分枝
−45M	0.134	1.106	分枝
0F	1.125E − 6	4.730	约界
0M	1.022E − 6	4.749	约界
45F	8.731E − 20	9.028	约界
−45F	8.731E − 20	9.028	约界
90F	6.737E − 20	9.546	约界

表 4.4 第二阶段组件的失效概率

组 件	失效概率	β	操 作
−45M	0.243	0.696	分枝
0F	5.790E − 6	4.386	约界
0M	4.053E − 6	4.436	约界
45F	2.596E − 19	8.908	约界
−45F	5.488E	9.097	约界
90F	7.841E − 21	9.288	约界

表 4.5　第三阶段组件的失效概率

组　件	失效概率	β	操　作
0F	3.126E－5	4.003	分枝
0M	1.692E－5	4.146	分枝
45F	1.659E－19	8.958	约界
－45F	1.659E－19	8.958	约界
90F	1.352E－19	8.980	约界

表 4.6　第四阶段组件的失效概率

组　件	失效概率	β	操　作
－45F	0.052 6	1.626	分枝
45F	0.052 6	1.626	分枝
90F	0.028 3	1.907	分枝
0M	1.620E－16	8.164	约界

通过检查总体刚度矩阵,可以看到系统在第五阶段发生破坏。剩下的组件中任何一个组件的失效都会导致系统失效。这样两个完整的失效序列被识别出来,即

$$90M \rightarrow 45M \rightarrow -45M \rightarrow 0F \rightarrow 90F$$

$$90M \rightarrow 45M \rightarrow -45M \rightarrow 0F \rightarrow 45F(-45F)$$

在第四阶段,从组件 0M 开始,重复以上程序,可以得到其他的失效序列,最终共识别出四个主要失效序列,如图 4.6 所示。

根据二阶界限理论,可以利用每个失效序列中失效概率最小的两个组件近似评估序列的失效概率。求得线性化极限状态平面在失效面交点 y_{12}^* 处的单位梯度向量 $\pmb{\alpha}_1$ 和 $\pmb{\alpha}_2$,并计算相关系数 ρ_{12}。最

后,得到每一个序列的失效概率,结果见表 4.7。

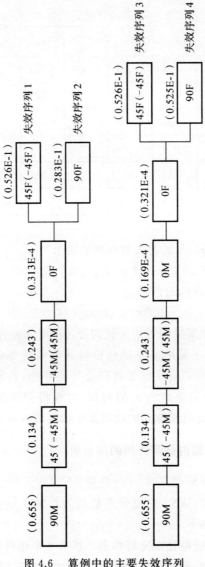

图 4.6　算例中的主要失效序列

表 4.7   所有序列失效概率的计算

序列编号	两个最不可能发生的事件	梯度(α_i)				ρ_{12}	P_f
		X_T	X_C	Y_T	N_x		
1	0F	-0.841	0.000	0.000	0.541	1.00	0.313×10^{-4}
	45F	-0.873	0.000	0.000	0.486		
2	0F	-0.832	0.000	0.000	0.554	0.276	0.690×10^{-4}
	90F	0.000	-0.867	0.000	0.497		
3,4	0M	-0.847	0.000	0.022	0.531	1.00	0.169×10^{-4}
	0F	-0.844	0.000	0.000	0.534		

根据式(4.34),系统的失效概率界限为

$$0.313 \times 10^{-4} \leqslant P_f \leqslant 0.720 \times 10^{-4}$$

相应系统可靠性指标的界限为

$$3.800 \leqslant \beta^s \leqslant 4.003$$

本算例中,如果采用首层失效假设进行可靠性评估,其失效概率为 0.655,远远大于采用最终层假设得到的系统失效概率的下限值 0.313×10^{-4},说明采用首层失效假设是保守的;若采用第一个纤维失效模式发生作为系统失效的判据,发现得到的失效概率值也为 0.313×10^{-4},这说明纤维的失效对系统的失效贡献很大。

4.4.2　广义面内载荷作用的层合板

本算例中,层板受广义面内载荷 $\{N_x, N_y, N_{xy}\}$ 作用,均值分别为 $\{280, 30, 140\}$ kN/m,变异系数均为 0.10。分析过程与算例的基本相同,具体如下。

在第一阶段层板处于完好状态。所有 8 个组件的失效概率见表 4.8,组件$-45M$ 有最大的失效概率 $P_{fmax}^1 = 0.975$。其他组件的失效

概率与取舍值(0.3 * 0.975)相比,看到仅仅组件－45M 作为第一个失效的组件进行分枝。

表 4.8　初始状态组件的失效概率

组　件	失效概率	操　作
－45F	0.975	分枝
90M	0.266	约界
0M	7.049E－3	约界
45M	2.947E－3	约界
45F	2.743E－8	约界
0F	2.037E－8	约界
－45F	1.399E－21	约界
90F	2.792E－25	约界

组件－45M 失效后,－45°层的刚度分量 E_2 和 G_{12} 减为 0,对损伤结构重新分析。计算剩下的 7 个组件的失效概率,见表 4.9。组件 90M 有最大的失效概率 $P_{fmax}^2 = 0.979$,第二阶段组件 90M 被选为第二个失效的组建。

在组件 90M 继组件－45M 失效之后,进行相应的刚度修改对结构重新分析与计算失效概率,见表 4.10。此时,有两个可能的失效路径(0M 和 45M)。首先,选择组件 0M 失效,该层板的刚度矩阵的分量相应减为零,失效概率计算结果见表 4.11。

由表 4.11 可以看到,组件 45M 显然为下一个失效的组件。在组件－45M,90M,0M 和 45M 相继失效后,重新对结构进行分析与计算,结果见表 4.12。可以看到,此阶段有两个组件可能失效,45F 和 0F。表 4.13 给出了组件 45F 失效时剩下组件的失效概率。

通过检查整体刚度矩阵,看到在第六阶段系统发生破坏。剩下的组件中任何一个组件的失效都会导致系统失效。这样,识别出四个主要失效序列,如图 4.7 所示。

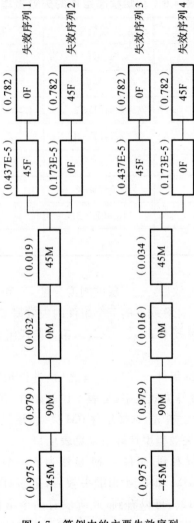

图 4.7　算例中的主要失效序列

表 4.9　第一阶段组件的失效概率

组　件	失效概率	操　作
90M	0.979	分枝
0M	1.186E－2	约界
45M	8.296E－3	约界
0F	1.286E－7	约界
45F	7.878E－8	约界
－45F	3.286E－21	约界
90F	1.426E－24	约界

表 4.10　第二阶段组件的失效概率

组　件	失效概率	操　作
0M	0.032	分枝
45M	0.016	分枝
45F	8.605E－7	约界
0F	3.866E－7	约界
－45F	2.841E－20	约界
90F	3.990E－24	约界

表 4.11　第三阶段组件的失效概率

组　件	失效概率	操　作
45M	0.019	分枝
45F	4.242E－6	约界
0F	3.813E－7	约界
－45F	6.717E－19	约界
90F	3.317E－24	约界

表 4.12　第四阶段组件的失效概率

组　件	失效概率	操　作
45F	4.368E − 6	分枝
0F	1.730E − 6	分枝
−45F	9.676E − 19	约界
90F	7.576E − 23	约界

表 4.13　第五阶段组件的失效概率

组　件	失效概率	操　作
0F	0.782	分枝
−45F	0.028	约界
−90F	1.876E − 9	约界

表 4.14 给出了单个序列失效概率的计算结果,最终结果见表 4.15。系统失效概率的界限为

$$0.435 \times 10^{-5} \leqslant P_\mathrm{f} \leqslant 0.121 \times 10^{-4}$$

相应系统可靠性指标的界限为

$$4.223 \leqslant \beta^s \leqslant 4.448$$

本算例中,基于首层失效假得到的失效概率为 0.975,同样远远大于基于最终层失效假设得到的系统失效概率的下限值 0.435×10^{-5},说明采用首层失效假设是保守的;若采用第一个纤维失效模式发生作为系统失效的判据,得到的失效概率值分别为 0.437×10^{-5} 和 0.173×10^{-5},与系统失效概率的下限值在同一数量级,同样说明纤维的失效对系统的失效贡献很大。

表 4.14　单个序列失效概率的计算

事　件	梯度（α_i）				ρ_{12}	P_f
	X_T	S	N_X	N_{XY}		
0M	-0.77	-0.39	0.35	0.34	0.87	0.44
45F	-0.96	0.00	0.11	0.23		
0M	-0.88	0.00	0.47	0.00	1.00	0.17
0F	-0.88	0.00	0.47	0.00		
45M	-0.92	-0.12	0.30	0.18	0.97	0.44
45F	-0.96	0.00	0.11	0.23		
45M	-0.88	-0.10	0.41	0.07	0.97	0.17
0F	-0.94	0.00	0.33	0.00		

表 4.15　所有序列失效概率的计算结果

序列编号	两个最不可能发生的事件	梯度（α_i）				ρ_{12}	P_f
		X_T	S	N_X	N_{XY}		
1	0M	-0.733	-0.392	0.350	0.339	0.865	$0.435E-5$
	45F	-0.966	0.000	0.116	0.231		
2	0M	-0.881	0.000	0.472	0.000	1.00	$0.172E-5$
	0F	-0.880	0.000	0.473	0.000		
3	45M	-0.921	-0.122	0.303	0.183	0.968	$0.435E-5$
	45F	-0.966	0.000	0.115	0.232		
4	45M	-0.880	-0.103	0.416	0.067	0.968	$0.172E-5$
	0F	-0.942	0.000	0.335	0.000		

4.4.3 横向载荷作用的层合板

本算例涉及到的是一个受均匀压力 p_0 作用的简支正交平板,其材料为典型的 T300/5208,铺层关于中面对称,其结构参数如图 4.8 所示。一共有 18 个基本随机变量,分别为强度参数 $X_T, X_C, Y_T, Y_C, S, S_Z$,材料性能 $E_X, E_Y, E_Z, G_{XY}, G_{YZ}, G_{ZX}$ 和 υ_{XY},以及载荷 p_0,其他参数(铺层方向和厚度)。表 4.16 给出了它们的统计特性、均值和变异系数。

为了演示的需要,所有的变量假设服从正态分布。这不是方法的限制,其他分布类型也可以用。

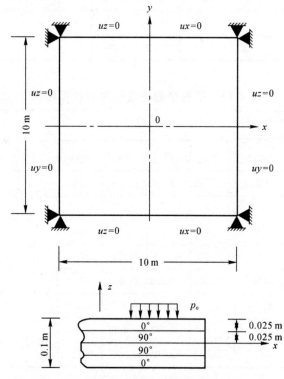

图 4.8　横向载荷作用下的复合材料平板

采用有限元软件 ANSYS 进行结构分析,用一阶可靠性方法(FORM)对层级失效模式的可靠性进行评估。整个复合材料平板看作是一个结构系统,层级失效模式(基体开裂、纤维断裂和分层)为组件。

选择 8 节点壳体单元 SHELL99 进行有限元建模。该单元能够模拟 100 个不同的材料层,每个节点有 6 个自由度:x,y,z 方向的平移和关于 x,y,z 轴的转动。由于几何、材料方向、载荷和边界条件的对称性,取平板的四分之一建模。网格划分如图 4.9 所示,经验证该网格密度下平板中心挠度的计算结果能够达到足够的精度。

表 4.16　基本随机变量的统计特性

序　号	符　号	单　位	均　值	变异系数
1	X_T	MPa	1 500.000	0.10
2	X_C	MPa	1 500.000	0.10
3	Y_T	MPa	40.000	0.10
4	Y_C	MPa	246.000	0.10
5	S	MPa	68.000	0.10
6	S_z	MPa	68.000	0.10
7	E_X	N/m^2	181 000.000	0.10
8	E_Y	N/m^2	10 300.000	0.10
9	E_z	N/m^2	10 300.000	0.10
10	G_{XY}	N/m^2	7 170.000	0.10
11	G_{YZ}	N/m^2	7 170.000	0.10
12	G_{ZX}	N/m^2	7 170.000	0.10
13	υ_{XY}	—	0.280	0.10

续　表

序　号	符　号	单　位	均　值	变异系数
14	P_0	N/m²	0.150	0.10
15	θ_1	deg.	0.000	2.00
16	θ_2	deg.	90.000	2.00
17	t_1	m	0.025	0.10
18	t_2	m	0.025	0.10

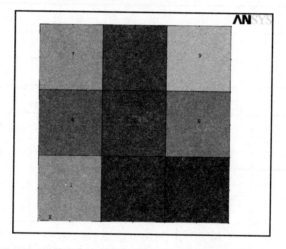

图 4.9　用 SHELL99 单元建立的有限元模型(3×3 网格)

采用修改后的 Tsai-Wu 准则作为失效判据,考虑三种层板失效模式:纤维断裂、基体开裂和分层。对有限单元、层和失效模式进行编号,见表 4.17。采用 R-F 改进的一次二阶矩法计算每个组件的失效概率,用分枝-界限方法寻找主要失效序列,取比例系数为 0.5。认为平板整个宽度发生纤维断裂时,系统失效(结构破坏)。

表 4.17　组件编号

层	组件编号	单元号	失效模式	层	组件编号	单元号	失效模式
(0°)	1	1	F	(90°)	21	7	D
	2	1	M		22	8	F
	3	1	D		23	8	M
	4	2	F		24	8	D
	5	2	M		25	9	F
	6	2	D		26	9	M
	7	3	F		27	9	D
	8	3	M		28	1	F
	9	3	D		29	1	M
	10	4	F		30	1	D
	11	4	M		31	2	F
	12	4	D		32	2	M
	13	5	F		33	2	D
	14	5	M		34	3	F
	15	5	D		35	3	M
	16	6	F		36	3	D
	17	6	M		37	4	F
	18	6	D		38	4	M
	19	7	F		39	4	D
	20	7	M		40	5	F

续 表

层	组件编号	单元号	失效模式	层	组件编号	单元号	失效模式
(0°)	41	5	M	(90°)	48	7	D
	42	5	D		49	8	F
	43	6	F		50	8	M
	44	6	M		51	8	D
	45	6	D		52	9	F
	46	7	F		53	9	M
	47	7	M		54	9	D

注:F——纤维断裂;M——基体开裂;D——分层。

如图 4.10 和图 4.11 所示为第一个失效序列中结构的损伤情况。可以看到,复合材料平板的损伤是从某些层合单元的基体开裂开始的,一定的损伤累积后产生第一个纤维断裂损伤。在第一个纤维断裂产生后,组件的失效概率变大,结构的损伤加快;当第二个纤维断裂发生,组件的失效概率更大,结构的损伤进一步加快;当第三个纤维断裂,认为整个结构发生失效,因为此时纤维失效贯穿整个板的宽度。图 4.11 为组件失效概率随结构损伤累积的变化情况。可以看到,每个纤维失效之后,下一个组件的失效概率出现明显的增加,这与纤维失效是导致整体结构系统快速失效的主要事件的事实是一致的。

其他的主要失效序列与第一个失效序列非常相似,它们含有共同的组件,只是在失效组件的排列顺序上有轻微的差别。这说明这些失效序列之间有强的相关性,可以采用最弱链模型合理简化。因此,系统失效概率可以用第一个失效序列的概率近似。

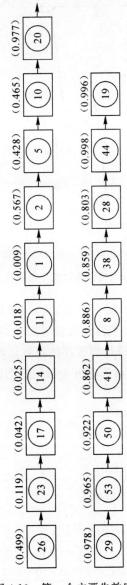

图 4.10   第一个主要失效序列

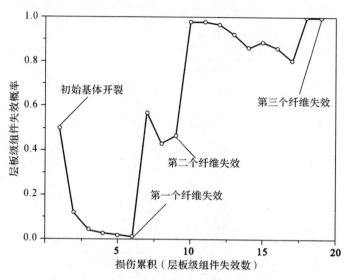

图 4.11　层板级组件失效概率随损伤累积的变化

由图 4.10 可以看到,编号为 24,17,14,11,1 的组件与其他组件相比有较低的失效概率。因此,仅仅通过考虑这五个失效概率最小的组件对整个失效序列进行概率评估将有足够的精度。计这五个组件为事件 1,2,3,4,5,则对应的五个极限状态的相关矩阵为

$$\boldsymbol{\rho}_{ij} = \begin{bmatrix} 1 & \cdots & & & \mathrm{sym} \\ 0.98 & 1 & & & \\ 0.92 & 0.95 & 1 & & \cdots \\ 0.75 & 0.73 & 0.86 & 1 & \\ 0.61 & 0.63 & 0.69 & 0.62 & 1 \end{bmatrix}$$

相应的独自的和联合失效概率为

$$\boldsymbol{P}_{ij} = \begin{bmatrix} 1.192 \times 10^{-1} & \cdots & & & \mathrm{sym} \\ 5.105 \times 10^{-2} & 4.244 \times 10^{-2} & & & \\ 2.631 \times 10^{-2} & 2.392 \times 10^{-2} & 2.488 \times 10^{-2} & & \cdots \\ 1.482 \times 10^{-2} & 9.903 \times 10^{-3} & 1.130 \times 10^{-2} & 1.773 \times 10^{-2} & \\ 6.502 \times 10^{-3} & 4.527 \times 10^{-3} & 4.145 \times 10^{-3} & 2.803 \times 10^{-3} & 9.336 \times 10^{-3} \end{bmatrix}$$

根据式(4.35),得到系统失效概率的二阶上界为

$$P_f \leqslant \min_{i \neq j} P(E_i \cap E_j) = 2.803 \times 10^{-3}$$

4.4.4　算例结果分析与结论

通过以上分析得出以下结论。

(1)对相同参数的层板,不同的载荷组合有不同的主要失效序列。这是因为,组件的失效概率依赖于组件的应力响应,而组件的应力响应随着载荷组合的变化而变化。

(2)主要失效序列图显示,通常基体开裂失效首先发生,然后发生纤维失效,这与实际试验观察一致。这说明,概率渐进失效分析能够正确模拟复合材料层板的实际破坏过程。

(3)序列失效概率的计算结果主要依赖于失效概率最小的事件,即最不可能失效事件,说明失效序列中组件间有强的相关性。

(4)最不可能失效的事件通常是第一个失效的纤维,之后各组件的失效概率迅速增大,直至结构系统破坏。可见,纤维失效是主导系统破坏的主要损伤模式。

(5)同一个载荷下的主要失效序列是非常相似的,表明主要失效序列之间存在强的相关性。因此,参考前面的讨论,系统失效概率非常接近 Cornell 一阶下界。

(6)与基于首层失效假定得到的系统失效概率值相比,采用概率渐进失效分析模型计算的失效概率远远小于前者,这说明基于首层失效假设的分析是保守的。

第5章 基于概率渐进失效分析的 SRM 纤维缠绕壳体可靠性研究

上一章建立的概率渐进失效分析模型,理论上适用于任何连续体结构系统。根据该模型中对系统和单元的定义,组成结构系统的"单元"的数目依赖于有限单元的数目、结构的铺层数以及损伤模式的数目,简单的讲可以认为是三者的乘积。实际应用中,对于稍微复杂的结构系统,例如纤维缠绕发动机壳体,应用概率渐进失效分析模型对其进行分析时,一是"单元"的数目会很大,二是需要反复地对系统的每个"单元"进行失效概率计算以及整个结构系统进行有限元分析,这样会产生巨大的计算机耗时,甚至无法实现。本章将针对概率渐进失效分析模型在复杂结构应用中遇到的计算机耗时巨大的问题,提出并应用一些具体、有效的技术以提高计算效率,使其能够实用化。并应用该模型,对 SRM 纤维缠绕壳体结构进行概率渐进失效分析和可靠性评估研究。

5.1 复杂结构概率渐进失效分析

5.1.1 概率渐进失效分析模型的实用化技术

(1)快速分枝-界限法。在实际应用中,如果一个结构系统由大量的组件构成,若采用上一章的分枝-界限法(以下称为"基本分枝-界限法")搜索主要失效序列,每个损伤阶段仅有一个组件失效,这样完成一个失效序列需要大量的步骤。从而使这种基本的分枝-界限法在实际中的应用变得困难。采用以下策略可以加快枚举的过程。

　　由于不同组件的极限状态共享许多与载荷和材料属性相关的公共的随机变量,因此,在任何结构系统中组件的极限状态方程之间必然存在相关性,一个组件失效,那么与其高度相关的其他组件也会以高的概率随之失效。如果进行失效序列枚举时,在每个损伤阶段,代替仅有一个组件失效,几个相关性强的组件可以以组群的方式同时失效,在当前损伤状态下,可以选择具有最高失效概率的组件作为该组群的代表。失效组件组群的失效概率用代表组件的失效概率近似。同时,组群中所有组件根据其失效模式采用相应的失效准则进行处理,并对剩下的组件重新进行结构分析。其他的步骤与基本分枝－界限法相同。这种组群的观点可以大大减少损伤状态的数目,从而减少结构分析的次数,提高计算效率,而且计算机耗时的节省随着问题的规模增加。称该方法为快速分枝-界限法,具体实施方法如下。

　　在任何一个损伤阶段,假设 $k-1$ 个组件已经失效并且被删除,其余 $n-(k-1)$ 个组件依然完好,组件 k 需要扩展,则其他 $n-k$ 个组件用条件概率准则考察,则有

$$P(E_i/E_k) \geqslant \lambda_0, \qquad i = k+1, \cdots, n \qquad (5.1)$$

式中,λ_0 为给定的取舍值;E_k 为组件 k 的失效事件;E_i 为剩下的 $n-k$ 个组件中第 i 个组件的失效事件;$P(E_i/E_k)$ 为事件 E_k 发生的条件下事件 E_i 的概率。

　　满足式(5.1)的组件被选择作为一个群组在下一阶段一起失效。该群组的失效概率近似等于该组中组件失效概率的最大值。

　　为了减少评估式(5.1)中条件概率的计算时间,可以采用如下公式,有

$$P(E_i) \geqslant \lambda_0 P(E_k), \qquad i = k+1, \cdots, n \qquad (5.2)$$

式中,n 为考虑的极限状态的数目;$P(E_i)$ 和 $P(E_k)$ 分别为单独事件 E_i 和 E_k 的概率。当第 i 和第 k 个极限状态之间的相关系数 ρ_{ik} 为

1时(即完全相关)，式(5.1)变成式(5.2)。当 $\rho_{ik} < 1$ 时，由于 $P(E_i)$ 总是大于 $P(E_i \bigcap E_k)$，式(5.2)包含的失效区域大于式(5.1)包含的失效区域，换言之，满足式(5.1)的极限状态是满足式(5.2)的极限状态的一部分。通过式(5.2)的过滤也有助于避免评估许多不必要的事件 E_i 和 E_k 的组合的联合概率积分。

式(5.1)中，λ_0 值越高，在快速分枝-界限组中的组件的失效数目越少。这样，$\lambda_0 = 1$ 时，快速分枝-界限法变为原始的基本分枝-界限法。相反，降低 λ_0 值将增加组中的组件失效数。有必要对每种结构进行数值研究，以确定 λ_0 的最优值。可以取 $\lambda_0 = 0.5$ 作为初始假设。

(2)最弱链模型。在第4章中，对复合材料层合板的数值研究表明，各个不同的主要失效序列的失效组件列表是很相似的，说明这些失效序列之间有很强的相关性。因此，复合材料结构系统的失效概率的计算可以适用最弱链模型。这样，仅仅一个主要失效序列就可以对系统失效概率提供足够的评估，第一个主要失效序列被识别后就可以进行结构系统失效概率的计算。从而可以省去其他主要失效序列的识别以及与此相关的组件失效概率的计算和结构分析的工作，大大减少计算量。

(3)分枝点的确定性初步筛选技术。在进行失效序列枚举的过程中，任何组件都有可能成为当前阶段的分枝点，需要计算每个组件的失效概率。对于有着大量组件的大型结构系统，这是非常耗时的。观察到：一般情况下，当随机变量取均值对结构进行分析时，有着较高失效概率的组件，其功能函数值等于0(即 $g(X)=0$，临界失效状态)的可能性较大。因此，在均值处对结构进行确定性分析，通过选择那些 g 值低于某取舍值的组件(或者取 g 值排序在前的 n 个组件)，作为失效序列中当前阶段的分枝点。这样可以避免对每个组件进行失效概率的计算，同时又由于该方法只是简单选择失效序列每个阶段的分枝点,没有改变失效序列概率意义上的枚举,不影响最终系统失效概率的计算。因此,该方法可以在不影响精度的情况下提高效率,具体实施方法按如下步骤。

计算随机变量均值处各组件的极限状态值,并对该值进行排序,取排序在前 n 的组件作为最有可能失效的组件。计算该 n 个组件的失效概率,其中仅仅具有最高概率的组件以及与之高度相关的组件组成的组件群组(参考快速分枝-界限法)作为失效序列当前阶段的分枝点。

(4)临界组群(组件)失效。严格地讲,一个结构系统的失效定义为是整个结构的破坏。前面的研究表明,一个失效序列,从初始失效到系统的最终失效,包含有大量的组件。这样,即使寻找一个单独的完整的失效序列也是相当耗时的。这里设计了一个近似方法,以避免繁重的、高昂的计算量。

从上一章的算例可以看到,对于复合材料层合板结构,当发生第一个纤维失效之后,各组件的失效概率迅速增大,直至结构系统破坏,纤维失效成为主导系统破坏的主要模式。这样,可以假设,结构存在一个临界组群(或组件)。这个临界组群与其他在其之后失效的组群相比有较低的失效概率。一旦临界组群失效,那些有较高失效概率的组件将很容易失效。换言之,临界组群的失效离整个系统的失效并不远。这样,结构系统失效可以近似定义为临界组群的失效。

用临界组群的失效来近似系统失效的假设对复合材料结构是非常合理的。失效序列的整体概率为该序列的组群事件的交集的概率。几个事件的交集的概率主要决定于低概率的事件,这些事件通常出现在第一个临界失效之前。临界失效发生后,其他失效事件的概率是较高的,对整体失效序列的概率贡献不大。临界组群失效后,失效序列的枚举可以终止,这样大量计算工作可以避免,最终失效概率的预测也会有足够的精度。

（5）积分随机有限元技术。积分随机有限元方法是利用对随机变量的概率密度函数进行积分得到结构位移、应力和应变等响应的统计结果的一种随机分析技术。对于复杂几何形状以及材料非线性结构，其输入和响应之间通常不存在显式关系，一般通过数值积分方法来实现。例如可以采用 Gauss 积分方法，它是一种精度很高的数值积分方法，在计算中利用较少的积分点即可达到较高的计算精度。这样，在保证计算精度的同时可以大大提高计算精度。

综合上述 5 种以提高计算效率为目的的实用化技术，对上一章建立的概率渐近失效模型进一步完善，形成高效的概率渐进失效分析模型，整个流程如图 5.1 所示，具体流程如下。

（1）从完整结构开始。

（2）计算所有组件的功能函数值（g 函数），按照确定性初步筛选的方法，取排序在前 n 的组件作为最有可能失效的组件。

（3）采用积分随机有限元技术，计算被选组件的失效概率。根据组群的观点，采用快速分枝-界限法进行分枝和约界的操作。

（4）对步骤（3）中的分枝组群实施刚度退化准则。转入步骤（2）。

（5）重复步骤（2）～（4），直到临界组群失效发生。

（6）根据最弱链模型，可以利用一条主要失效序列，采用系统可靠性理论方法计算系统失效概率。

5.1.2　含损伤复合材料结构概率渐进失效分析

复合材料结构在制造和处理过程中容易产生各种各样的细观、宏观缺陷，例如：夹杂、孔隙、夹渣、分层、纤维和基体分布不均匀等。缺陷的存在，使材料和结构在各种外界环境条件下，容易产生损伤，甚至导致结构破坏。复合材料及结构的损伤模式一般包括基体开裂、分层、纤维断裂及纤维-基体界面分离（脱黏）。这些损伤模式可以通过无损检测技术识别表征，可用于复合材料的无损检测（NDT）技术主要包括以下几项：光学无损检测、超声无损检测、声振检测、X

射线检测、声发射检测、电性能检测及微波检测。表 5.1 列出了几种常用 NDT 技术在复合材料损伤检测中的原理、检测特征、优缺点及可以检测的失效模式。

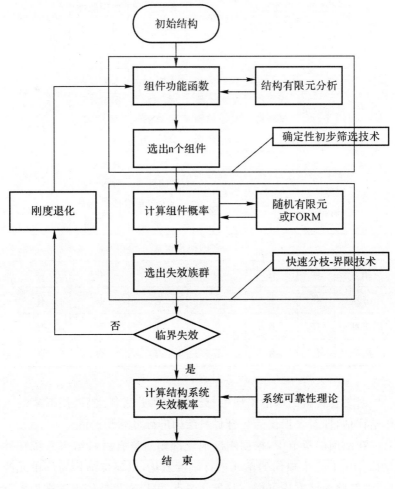

图 5.1　高效概率渐进失效分析流程图

表 5.1　基体材料测试技术

	X 射线技术	超声技术	声发射技术	热成像技术	声-超声技术	光纤技术
原理/检测特征	渗透的射线吸收不同	损伤引起的声阻抗的变化	收应力部件中的缺损产生应力波	画出整个试验区域温度分布	使用脉冲超声应力波激励	使用埋入材料内的光纤传感器
优点	胶片提供检测记录和数据	能渗透厚材料	远距离和连续监视、动态监测损伤扩展	迅速远距离测量不需接触部件	动态监测不需外施载荷,干法接触	可监测材料中的各种情况
缺点	昂贵,不能测出缺损深度	需水浸没或耦合剂	需在施加应力下监测	厚试样的分辨率差	表面接触对表面几何形状要求严格	埋入工艺复杂,难度大
可检测的损伤模式						
树脂开裂	有	有	有	有	有	有
分层	有	有	有	有	有	有
纤维断裂	有	有	有	无	有	有
脱黏	有	有	有	有	有	有

　　对复合材料结构的损伤进行无损检测并表征之后,接下来的工作是评估,即对含损伤的复合材料结构进行可靠性评估。

　　在前面的章节中,根据刚度退化准则对复合材料结构系统在外载荷作用下发生损伤的单元进行刚度退化,以模拟结构局部单元的损伤,经验证该方法可行。基于此观点,可以在保持概率渐进失效分析模型的其他分析步骤不变的情况下,以无损检测方法对各种损伤模式进行检测和表征的结果为依据,根据刚度退化准则,对相对应的损伤部位的单元(组件)实施损伤模拟,通过此方法可以实现对含损伤复合材料结构的可靠性进行评估。

5.2　SRM 纤维缠绕壳体结构概率渐进失效分析与可靠性评估

5.2.1　SRM 纤维缠绕壳体结构概述

某固体火箭发动机纤维缠绕壳体几何参数如图 5.2 所示。前封头有一个小的开口,传递有效载荷,其几何外形由两个不同半径和不同中心点的半球组成;后封头有一个较大的开口,与喷管相连,其外形也是由两个半球组成,类似于等应力封头。关键部位增强以及连接其他结构的需要,缠绕了复合材料裙体。在裙和封头之间有环氧树脂填充物,以传递应力。在金属接头和复合材料之间填充有三元乙丙橡胶,防止两者的分离以及隔离燃烧过程中产生的气体和热。

整个壳体结构由 T - 800 碳纤维束和酚醛环氧树脂预浸料通过干法缠绕而成。封头部分采用螺旋缠绕,缠绕角度为 $\pm22°$,共 12 层。圆筒部分,螺旋缠绕和环向缠绕相结合,具体缠绕方式为 $[\pm22_3/90_2/\pm22_3/90_2]$,螺旋缠绕层每两层厚 0.198 mm,环向缠绕层每层厚 0.168 mm。前后裙的铺层分别为 $[90_2/\pm1_2/90_2/\pm15_2/90_6]$ 和 $[\pm30_4/90_2/\pm30_4/90_2]$,材料特性见表 5.2。

表 5.2　T - 800/环氧材料性能

模量 GPa	E_1	E_2,E_3	G_{12},G_{13}	G_{23}	$\upsilon_{12},\upsilon_{13}$	υ_{23}
	142.00	3.14	4.69	1.00	0.33	0.45
强度 MPa	X_T	X_C	Y_T,Z_T	Y_C,Z_C	R,S,T	
	2 687.0	1 441.0	36.4	70.0	59.6	

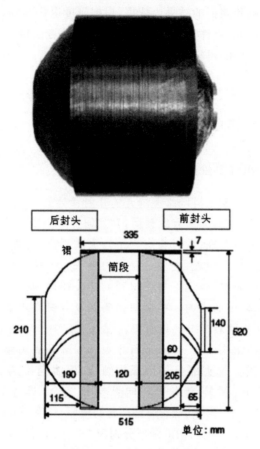

图 5.2　发动机壳体参数

5.2.2　SRM 纤维缠绕壳体结构有限元建模与实验验证

考虑到几何结构以及载荷的对称性,取整个发动机壳体结构周向的 1.5°部分建立有限元模型,以 ANSYS 有限元软件为平台进行分析。其中两端的开口处的金属接头采用 SOLID45 单元,纤维缠绕壳体以及前后裙采用层单元 SOLID46,填充物部分采用 HYPER58

单元,有限单元网格如图 5.3 所示。对圆柱部分的中心节点处 Z 方向的位移进行约束,接头端部沿半径方向固定。

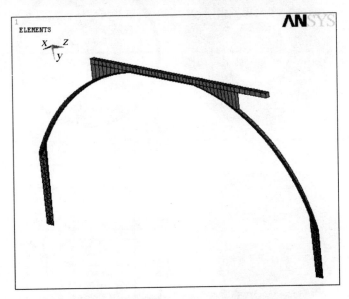

图 5.3　发动机壳体结构的有限单元模型

在对结构进行概率渐进分析之前,为了验证有限元模型的正确性,对发动机进行了水压试验,同时进行应变监测。在发动机壳体黏贴上 5 mm 长的应变片,分两个通道,每通道 16 个,共 32 个应变监测点。除 2 个应变片沿纵向方向外,其他的都沿最外层的纤维方向。图 5.4 表示出了应变片的位置。每个通道中,前封头安置 6 个应变片,后封头 5 个。圆筒段共安置 10 个,其中 8 个沿纤维方向或环向,两个沿纵向。

试件和其他设备的连接关系如图 5.5 所示。每个应变片和压力传感器的信号用一个 A/D 转换器(LabView 设备,PCI6110E)同时测量并存储在计算机中。施加的内压并分几步逐步增加,考虑到渗漏的可能,对每个压力步进行保压。

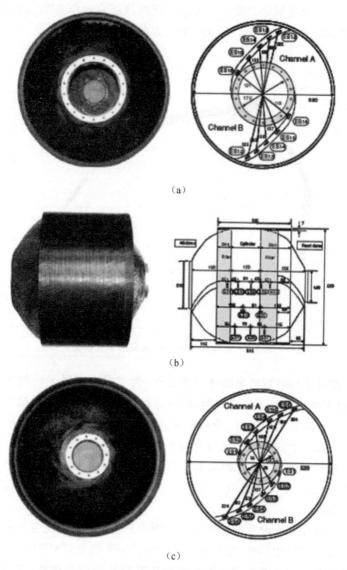

图 5.4 应变片黏贴位置

(a)后封头部分；(b)筒段部分；(c)前封头部分

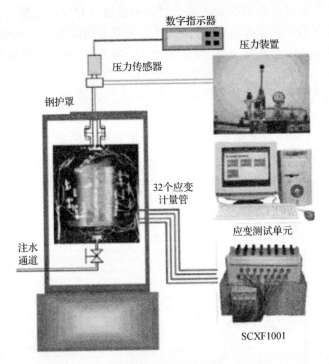

图 5.5　实验设备示意图

图 5.6 同时绘出了内压为 6.895 MPa 时,试验的应变监测值以及有限元模型的分析结果。可以看到:除了前开口区域外,其他所有区域应变的有限元分析结果与实验测试的结果符合的很好。这可能是因为应变片的安装位置有误差,或是由于开口端纤维堆积的量没有在分析中很好的预测。总的来讲,有限元的分析结果与实验观察的一致性很好,所建有限元模型可以用于结构的概率渐进分析。

5.2.3　概率渐进失效分析与可靠性评估

采用 5.1.2 小节的方法对结构进行高效的概率渐进失效分析与可靠性评估。将材料的刚度特性、强度、复合材料单层厚度、缠绕角以及内压处理成随机变量。其中材料强度服从对数正态分布,其他随机变量服从正态分布,除缠绕角外变异系数均取为 0.1,缠绕角的标准差取为 2°。快速分枝-界限法中,λ_0 取 0.4。根据最弱链模型,采用第一个被识别的主要失效序列进行最终强度失效概率的评估。层级失效模式按下列符号标识:例如,85_{2M} 代表第 85 号单元第 2 层发生基体开裂损伤模式;37_{1F} 代表第 37 号单元第 1 层发生纤维断裂损伤模式;69_{45D} 代表第 69 号单元第 4 层和第 5 层发生分层损伤模式。计算结果总结在表 5.3 中。

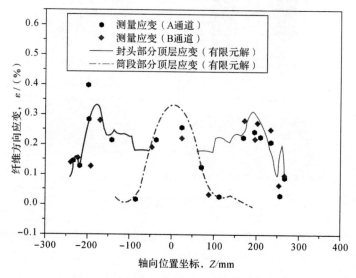

图 5.6　有限元分析结果与实验测试的比较

表 5.3　不同损伤阶段的损伤情况与失效概率

损伤阶段	失效组件	代表失效概率
1	$85_{2M},85_{4M},86_{4M},86_{2M},$	0.282 0
2	$37_{2M},37_{4M},87_{4M},38_{2M},73_{2M},97_{4M}$	0.090 3

续　表

损伤阶段	失效组件	代表失效概率
3	87_{5M}，49_{4M}，97_{3M}，25_{4M}，98_{2M}	0.045 1
4	98_{4M}，25_{2M}，50_{4M}，49_{2M}，26_{4M}，73_{4M}，26_{2M}，38_{4M}	0.033 8
5	74_{2M}，85_{234D}，39_{2M}，74_{4M}，88_{4M}，89_{2M}，88_{2M}，86_{234D}	0.015 6
6	99_{4M}，39_{4M}，50_{2M}	0.003 6
7	51_{4M}，13_{2M}，13_{4M}	0.002 9
8	37_{234D}，14_{4M}，75_{2M}，142_{2M}，27_{4M}，85_{1F}，89_{4M}，85_{5F}	0.001 0

在每个损伤阶段，几个相关性强的组件被选择一起失效，见表 5.3。在发生第一个纤维失效事件前，结构经历了 8 个损伤阶段。整个渐进失效过程中，损伤阶段的失效概率随着损伤的逐步累积而减小，直到第一个纤维失效事件发生。对第 9 损伤阶段也进行了概率分析，其代表失效概率增至 0.028，这个值远远高于它前一损伤阶段的失效概率值。失效概率随组件失效数变化关系如图 5.7 所示，明显可以看出：第 8 损伤阶段的失效概率是最低的，该阶段首个纤维断裂发生失效，这之后其余组件的失效概率增加到相当高的值。说明这第一个纤维失效事件可能是结构系统的临界失效事件，这个临界失效事件之后结构将快速损伤直至破坏。根据临界组件失效技术，对于本章考察的应用实例，第一个纤维失效事件发生后，可以终止主要失效序列的搜索；对于其他结构，如果认为第一个纤维失效事件发生便终止主要失效序列的进一步搜索太保守，可以进一步搜索看是否有其他的失效概率更低的失效事件。

在前 8 个损伤阶段中，第 6、第 7、第 8 损伤阶段的失效概率最低，对系统失效概率的贡献最大，与之相关的失效事件是最重要的，它们支配着系统的失效。这三个损伤阶段中代表事件的极限状态方程之间的相关系数矩阵为

$$\boldsymbol{\rho}_{ij} = \begin{bmatrix} 1 & \cdots & \text{sym.} \\ 0.99 & 1 & \cdots \\ 0.71 & 0.70 & 1 \end{bmatrix}$$

相应地,单个独立事件的失效概率,及两个事件的联合失效概率为

$$\boldsymbol{P}_{ij} = \begin{bmatrix} 0.003\ 6 & \cdots & \text{sym.} \\ 0.002\ 6 & 0.002\ 9 & \cdots \\ 0.000\ 3 & 0.000\ 3 & 0.000\ 1 \end{bmatrix}$$

其中,主对角项为单个独立事件的失效概率,其他项为两个事件的联合失效概率。

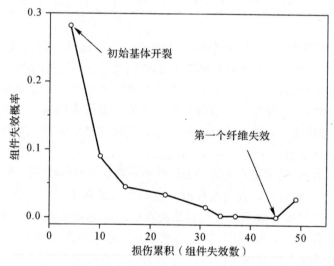

图 5.7　失效概率随组件失效数变化关系

根据式(4.29),得到系统失效概率的二阶上界为

$$P_{\mathrm{f}} = 2.977 \times 10^{-4}$$

三阶上界为

$$P_{\mathrm{f}} = 2.957 \times 10^{-4}$$

这两个结果非常接近,说明采用二阶界限理论计算系统失效概率可以得到足够的精度。

专　业　名　词

第 1 章

复合材料

复合材料结构

缠绕复合材料结构

固体火箭发动机

第 2 章

单层材料

叠层材料

细观力学分析

宏观力学分析

结构力学分析

刚度

强度

弹性特征

复合材料层合板

层板理论

二维板壳理论

三维弹性理论

有限元法

ANSYS 有限元软件

第 3 章

最终层失效假定

复合材料失效判据

多项式理论

直接模式确定理论

应变能理论

Tsai－Wu 准则

刚度退化

损伤模式

刚度衰减系数

纤维体积含量

轴向模量

横向模量

平面内剪切模量

主方向（平面内）泊松比

厚度方向泊松比

轴向拉伸强度

轴向压缩强度

横向拉伸强度

横向压缩强度

平面内剪切强度

轴向极限拉伸应变

轴向极限压缩应变

横向极限拉伸应变

横向极限压缩应变

平面内极限剪切应变

参 考 文 献

[1] 王克秀.固体火箭发动机复合材料基础[M].北京:宇航出版社,1994.

[2] 刘锡礼,王秉权.复合材料力学基础[M].北京:中国建筑工业出版社,1983.

[3] 张俊华.导弹和运载火箭复合材料结构设计指南[M].北京:宇航出版社,1999.

[4] 王兴业.复合材料力学分析与设计[M].长沙:国防科技大学出版社,1999.

[5] 张晓军,常新龙.航天动力系统结构复合材料技术现状评论:2007年全国固体火箭发动机技术学术交流会论文集[C].厦门:中国航天科技集团公司四院,2007.

[6] 关正西.固体火箭发动机结构[M].北京:宇航出版社,2006.

[7] 黄争鸣,张华山.纤维增强复合材料强度理论的研究现状与发展——"破坏分析奥运会"评估综述[J].力学进展,2007,37(1):80-98.

[8] HINTON M J, SODEN P D. Predicting failure in composite laminates: the background to the exercise[J]. Composite Science Technology, 1998, 58(7): 1001-1010.

[9] ZHU H ACHENBACH J D. Radial matrix cracking and interphase failure in transversely loaded fiber composites[J]. Mechanics of Materals, 1991(11): 347-356.

[10] GAMBY D REBIERE J L. A two-dimensional analysis of multiple matrix cracking in laminated composite close to its characteristic damage state[J]. Composite Structures, 1993

(25)：324 - 337.

[11] ROSEM B W. Mechanics of composite strengthening in fiber composite materials [R]. Ohio：american society for metals，1965.

[12] BUDIANSKY B，HUTCHINSON J W，EVANS A G. Matrix fracture in fiber reinforced ceramics. Journal of Mechanical[J]. Physics Solids，1986(34)：167 - 189.

[13] HSUEH C H. Some applications of fiber pullout analysis [J]. J.Mater. Sci. Let，1990(9)：29 - 34.

[14] WANG A S D. Delamination crack growth in composite laminates[J]. Delamination and Debonding of Materials，1983(11)：135 - 167.

[15] BRIEN O T K. Analysis for local delaminations and their influence on composite laminate behavior. Delamination and Debonding of Materials，1983(11)：282 - 297.

[16] 陈汝训.固体火箭发动机壳体结构分析与设计[M].西安：航天四院人教部教育处,1998.

[17] 段登平,刘正兴,罗海安.纤维缠绕壳体材料非线性及大变形分析计算[J].复合材料学报,1999,16(1):142 - 148.

[18] 孙雪坤,郭艳阳,杜善义,等.纤维缠绕固体火箭发动机壳体的应力及强度分析[J].复合材料学报,1997,14(1):116 - 121.

[19] ROTEM A，HASHIN Z. Failure modes of angle-ply laminated[J]. Composite Materials，1975，9(4)：191 - 206.

[20] TSAI S W. Composites design[J]. United States Air Force Materials Laboratory，1986(19)：112 - 120.

[21] Amijima S，Adachi T. Nonlinear stress—strain response of laminated composites[J]. Composite Materials，1979，13(6):206 - 218.

[22] DOH Y D，HONG C S. Progressive failure analysis for

filament-wound pressure vessel[J]. Reinforced Plastics and Composites, 1995, 14(2): 1278 - 1306.

[23] UEMURA M, FUKUNAGA H. Probabilistic burst strength of filament-wound cylinders under internal pressure [J]. Composite Materials, 1981, 15(3): 462 - 480.

[24] GUILLARMAT L, HAMDOUN Z. Reliabilitymodel of drilled composite materials[J]. composite structures, 2005(5): 1 - 8.

[25] LIU X, MAHADEVAN S. Ultimate strength failure probability estimation of composite structures [J]. J of Reinforced Plastics and Composites, 2000(19): 403 - 426.

[26] 杜善义,王彪.复合材料细观力学[M].北京:科学出版社,1998.

[27] LIN S C. Reliabilitypredictions of laminated composite plates with random system parameters [J]. Probabilistic Engineer Mechanics., 2000(15): 327 - 338.

[28] ANG H S, TANG W K. Probabilistic concepts in engineering planning and design basic principles I [M]. New York: Wiley, 1984.

[29] SCOP P M, ARGON A S. Statisticaltheory of strength of laminated composites [J]. journal composite material, 1967 (1): 92.

[30] PHOENiX S L. Probabilisticstrength analysis of fibers and fiber bundles. Mat [D]. New York: Sc Center Rep, No. 1873, Cornell Univ, 1972.

[31] OH K P. Adiffusion model for fatigue crack growth. Proc Roy[J]. Mater, 1979(13): 47 - 58.

[32] KNIGHT M, HAHN H. Strength and elastic modulus of a randomly-distributed short fiber composite [J]. Comp Mater, 1975(9): 77.

[33] OH K P. Amonte carlo study of the strength of unidirectional

fiber-reinforced composites [J]. Comp Mater, 1979 (13):
311 - 325.

[34] SCOP P M, ARGON A S. Statisticaltheory of the tensile
strength of laminates [J]. Advanced Fibrous Reinforced
Composites, Soc. of Aerospace Materials and Processing
Engineers, 1966(11): 21.

[35] ZWEBEN C, ROSEN B W. Astatistical theory of material
strength with application to composite materials[J]. Journal
of Mech. and Physics of Solids, 1970(18): 189.

[36] WU E W, CHOU C. Statisticalstrength comparison of
metal matrix and polymeric matrix composites [R].
Washington: Army Material Technology Report, 1986.

[37] ZWAAG S V D. Theconcept of filament strength and
weibull modulus [J]. Testing and Evaluation, 1989 (5):
292 - 298.

[38] LIENKAMP M, SCHWARTZ P. A monte carlo simulation
of the failure of a seven fiber microcomposite[J]. Comp. Sci.
Tech, 1993(46): 139 - 146.

[39] GODA K, PHOENIX S L. Reliabilityapproach to the tensile
strength of unidirectional CFRP composites by monte-carlo
simulation in a shear-lag model [J]. Composite Science
Techlogy, 1994(50): 457 - 468.

[40] CHOU T W. Microstructuraldesign of fiber composites[M].
Cambridge: Cambridge Univ. Press, 1992.

[41] KING R L. Thedetermination of design allowable properties
for advanced composite materials [J]. GEC Journal
Resource, 1987(2): 76 - 87.

[42] GAO Z. Reliability ofcomposite materials under general
plane loadings[J]. J. Reinforced Plastics Comp, 1993(12):

430 - 456.

[43]　BATDORF S B. Tensilestrength of unidirectional reinforced composites - Ⅰ [J]. J. Reinforced Plastics and Composites, 1982(1):153 - 164.

[44]　BATDORF S B. Tensilestrength of unidirectional reinforced composites - Ⅱ [J]. J. Reinforced Plastics and Composites, 1982(1): 165 - 176.

[45]　SMITH R L, PHOENIX S L, etal. Lower-tailapproximations for the probability of failure 3 - D fibrous composites with hexagonal geometry[J]. Proceeding of the Royal Society, 1983 (3): 353 - 391.

[46]　PHOENIX S L, SCHWARTZ P, ROBINSON HH. statistics of the strength and lifetime in creep-rupture of model carbon/epoxy composites[J]. Comp. Sci. Tech, 1988 (32): 81 - 120.

[47]　OTANI H, PHOENIX S L, PETRINA. Matrixeffects on lifetime statistics for the carbon fiber/epoxy microcomposites in creep-rupture[J]. J. of Mater. Sci., 1991 (26): 1955 - 1970.

[48]　HARLOW D G, PHOENIX S L. Approximation of thestrength distribution and size effect in an idealized lattice model of material breakdown[J]. J. of the Mechanics and Physics of Solids, 1991(39): 173 - 200.

[49]　BATDORF S B, GHAFFARIAN R. Sizeeffect and strength variability of unidirectional composites[J]. Int. J. Fracture, 1984(26): 111 - 123.

[50]　BATDORF S B. Note oncomposite size effect[J]. J. Comp. Tech. and Research, 1989(11): 35 - 37.

[51]　李强,周则恭. 纤维增强复合材料的可靠性分析[J]. 太原重

型机械学院学报,1993(2):7 - 14.

[52] SUN C T, YAMADA S E. Strength distribution of a unidirectional fiber composite [J]. Composite Mater, 1978 (12): 169 - 76.

[53] CEDERBAUM G, ELISHAKOFF I, LIBRESCU L. Reliability of laminated plates via the first — order second moment method[J]. Composite Structure, 1990(15): 161 - 172.

[54] CASSENTI B N, Probabilistic static failure of composite material[J]. AIAA 1984(22): 103 - 109.

[55] KAM T Y, SHER H F. Nonlinear and first-ply failure analysis of laminated cross-ply plates [J]. Composite Material, 1995(29): 463 - 482.

[56] Kam T Y, Lin S C. Reliability analysis of laminated composite plates[J]. Proc NSC, 1992(16): 163 - 171.

[57] Engelstad S P, Reddy J N. Probabilistic nonlinear finite element analysis of composite structures[J]. AAIA, 1993, 31(2): 362 - 369.

[58] GURVICH M R, PIPES R B. Probabilistic analysis of multi-step failure process of a laminated composite in bending[J]. Composite Sci Technol, 1995(55): 413 - 21.

[59] LIN S C, KMA T Y,CHU K H. Evaluation of buckling and first-ply failure probabilities of composite laminates[J]. J Solids Struct, 1997(13): 1395 - 1410.

[60] HASOFER M, LIND N. Anexact and invariant first-order reliability format [J]. Journal of Engineering Mechanics. ASCE, 1974(100): 111 - 121.

[61] ANG H S, TANG W K. Probability concepts in engineering planning and design [M]. New York: John Wiley &

Sons，1984.

[62] ENGELSTAD S P，REDDY J N. Probabilistic nonlinear finite element analysis of composite structures[J]. AIAA J，1994(5)：121 - 130.

[63] NAKAGIRI S，TAKABATAKE H，TANI S. Reliability ofunidirectional fibrous composites[J]. AIAA，1990(11)：1980 - 1986.

[64] HONG S，PARK J S，KIM C G. Stochasticfinite element method and system reliability analysis for laminated composite structures[J]. ASME Recent Advances in Solids and Structures，1995(18)：165 - 172.

[65] BEAKOU，MOHAMED A. Influence of variable scattering on the optimum winding angle of cylindrical laminated composites[J]. Composite Structures，2001(53)：287 - 293.

[66] LIN S C. Reliability predictions of laminated composite plates with random system parameters[J]. ProbabilisticEng. Mech.，2000(15)：327 - 338.

[67] WU W，CHENG H，KANG C. Random field formulation of composite laminates[J]. Compos Struct，2000(49)：87 - 93.

[68] FRANGOPOL D N，RECEK S. Reliability of fiber-reinforced composite laminate plates[J]. Probab Eng Mech，2003(18)：119 - 137.

[69] 羊羚,马祖康.复合材料结构可靠性分析与设计[J].导航学报,1989(3):96 - 100.

[70] 羊羚,马祖康,段启梅.复合材料层压结构系统的可靠性分析方法[J].西北工业大学学报,1990,8(1):1 - 8.

[71] 宋云连,李树军,王善.加强纤维复合材料板结构的可靠性分析[J].哈尔滨工程大学学报,1999,20(3):63 - 71.

[72] 陈念众,张圣坤,孙海虹.复合材料船体纵向极限强度可靠性

分析[J].中国造船,2002,43(2):29-35.

[73] 许玉荣,陈建桥,罗成,等.复合材料层合板基于遗传算法的可靠性优化设计[J].机械科学与技术,2004,23(11):1344-1347.

[74] COHEN. Application of material non-linearity to composite pressure vessel design[R]. Washington:AIAA,26th Joint Propulsion Conference,1990.

[75] JENSON B, TRASK B. Determining laminate strain from non-linear laminar moduli[M]. Washington AIAA,26th Joint Propulsion conference,1990.

[76] COHEN. Application of reliability and fiber probabilistic strength distribution concepts to composite vessel burst strength design[J]. Compos Mater,1992(13):1984-2014.

[77] HWANG T K, HONG C S, KIM C G. Probabilistic deformation and strength prediction for filament wound pressure vessel[J]. Composites:Part B,2003(34):481-497.

[78] HWANG T K, JUNG S K, et al. The performance improvement of filament wound composite pressure vessels[J]. SAMPE,2002,36(20):1427-1438.

[79] RAI N, PITCHUMANI R. Optimal cure cycles for the fabrication of thermosetting-matrix composites[J]. Polymer Composites,1997(4):23-34.

[80] 陈列民,杨宝宁.复合材料的力学分析[M].北京:中国科学技术出版社,2006.

[81] 王兴业,唐羽章.复合材料力学性能[M].北京:国防科技大学出版社,1988.

[82] 王耀先.复合材料的结构设计[M].北京:化学工业出版社,2001.

[83] 张研,韩林. 细观力学基础[M].北京:科学出版社,2014.

[84] 黄争鸣.复合材料细观力学引论[M].北京:科学出版社,2004.

[85] 杨庆生.复合材料细观结构力学与设计[M].北京:中国铁道出版社,2000.

[86] 郑传祥.复合材料压力容器[M].北京:化学工业出版社,2006.

[87] 王铮,胡永强.固体火箭发动机[M]. 北京:宇航出版社,1993.

[88] 徐芝纶.弹性力学[M].北京:高等教育出版社,1984.

[89] MINDLIN R D. Influence of rotary inertia and shear deformation on flexural motions of isotropic elastic plates [J]. Journal of Applied Mechanics,1951(18):31－38.

[90] LO K H. A high order theory of plate deformation[J]. Part2:Laminated Plates,Journal of Applied Mechanics, 1977(44):669－675.

[91] MURTHY M V V. An improved transverse shear deformation theory for laminated anisotropic plates[R]. Washington:NASA TP,1981.

[92] WHITNEY J M. A high order theory for extensional motion of laminated anisotropic shell and plates[J]. Journal of Sound and Vibration,1973(30):85－91.

[93] WHITNEY J M. A refined theory for laminated anisotropic cylindrical shell and plates[J]. J Appl Mech, 1974(3):471－476.

[94] 王震鸣.复合材料力学和复合材料结构力学[M].北京:国防工业出版社.1990.

[95] 王勖成,邵敏.有限单元法基本原理和数值方法[M].北京:清华大学出版社,2000.

[96] 吴永礼.计算固体力学[M].北京:科学出版社,2003.

[97] DARYL L LOGAN. 有限元方法基础教程[M].伍义生,吴永礼,等,译.北京:电子工业出版社,2003.

[98] 曾攀.有限元分析及应用[M].北京:清华大学出版社,2004.

[99] SMITH M，GRIFFTHS D V. 有限元方法编程[M].王崧，周坚鑫，等，译.北京：电子工业出版社，2003.

[100] 李亚智，赵美英，万小朋.有限元方法基础与程序设计[M].北京：科学技术出版社，2004.

[101] SAEED MOAVENI. 有限元分析——ANSYS 理论与应用[M].欧阳宇，王崧，译.北京：电子工业出版社，2003.

[102] 博弈创作室.ANSYS9.0 经典产品高级分析技术与实例详解[M].北京：中国水利水电出版社，2005.

[103] 尚晓江，邱峰，等.ANSYS 结构有限元高级分析方法与范例应用[M].北京：中国水利水电出版社，2006.

[104] 王富耻，张朝晖.ANSYS10.0 有限元分析理论与工程应用[M].北京：电子工业出版社，2006.

[105] 邓凡平.ANSYS10.0 有限元分析自学手册[M].北京：人民邮电出版社，2007.

[106] 宋勇，艾宴清，梁波，等.ANSYS7.0 有限元分析[M].北京：清华大学出版社，2004.

[107] TANG P Y. Development of a progressive failure model for strenth of laminated composite structure[M]. Washington：DTIC，1990.

[108] TSAI S W，WU E D. A general theory of strengh for anisotropic materials[J]. Journal of Composite Materials，1971(5)：58 – 80.

[109] TSAI S W. Strength characteristics of composite materials[R]. Washington：NASA CA – 224，1965.

[110] HILL R. A theory of the yielding and plastic flow of anisotropic metals.[J] Proceedings of the Roval Society of London. Series A，1948(193)：281 – 297.

[111] AZZI V D，TSAI S D. Anisotropic strength of composites[J]. experimental mechanics，1965(9)：283 – 288.

［112］ HOFFMAN O. The brittle strength of orthotropic materials［J］. journal of composite materials，1967（1）：200 - 206.

［113］ CHAMIS C C. Failure criteria for filamentary composites. composite materials：testing and design［J］. STP 460，American Society for Testing and Materials，1969（36）：336 - 351.

［114］ HASHIN Z. Failure criteria for unidirectional fiber composites［J］. ASME Journal of Applied Mechanics，1980（47）：329 - 334.

［115］ HASHIN Z，ROTEM A. A fatigue failure criteria for fiber reinforced materials［J］. Journal of Composite Materials，1973(7)：448 - 464.

［116］ SANDHU R S. Nonlinear behavior for unidirectional and angle ply laminates［J］. AIAA Journal of Aircraft，1974（13）：104 - 111.

［117］ ABU-FARSAKH G A，ABDEL-JAWAD Y A. A new failure criterion for nonlinear composite materials［J］. Journal of Composites Technology and Research，1994(2)：138 - 145.

［118］ LOSSIE M. Production oriented design of filament wound composite［R］. Lo Angeles：PhD Thesis，K. U. Leuven，1990.

［119］ HAHN H T，TSAI S W. Nonlinear elastic behavior of unidirectional composite laminate［J］. J Comp Master，1973(1)：102 - 118.

［120］ SODEN P D，HINTONB M J，KADDOURA A S. Lamina properties，lay-up configurations and loading conditions for a range of fibre-reinforced composite laminates［J］. Composites

Science and Technology，1998(58)：1011－1022.

[121] SODENA P D, HINTONB M J, KADDOURC A S.Biaxial test results for strength and deformation of a range of E-glass and carbon fibre reinforced composite laminates：failure exercise benchmark data[J]. Composites science and technology，2002(62)：1489－1514.

[122] 何水清.结构可靠性分析与设计[M]. 北京：国防工业出版社，1993.

[123] 张伟.结构可靠性理论与应用[M].北京：科学出版社，2008.

[124] 董聪.现代结构系统可靠性理论及其应用[M].北京：科学出版社，2001.

[125] FREUDENTHAL A M. Safety and the probability of structural failure [J]. ASCE Trans，1956（121）：1337－1397.

[126] HASOFER A M，LIND N C. Exact and invariant second-moment code format[J]. Eng.Mech. Div. ASCE，1974(1)：111－121.

[127] RACKWITZ R，FIESSLER B. Structural reliability under combined random load sequences [J]. Computer and Structures，1978(9)：489－494.

[128] 徐济钟.蒙特卡罗法[M].上海：上海科学技术出版社，1985.

[129] 武清玺.结构可靠性分析及随机有限元法——理论、方法、工程应用及程序设计[M].北京：机械工业出版社，2005.

[130] HISADA T，NAKAGIRI S. Stochastic finite element method developed for struct. safety and reliability[J]. Proc. 3rd Int. Conf. on struct. Safety and Reliability，1981(9)：395－408.

[131] VANMARCHE E，SHINOZUKA M，NAKAGIRI S，et al. Random fields and Stochastic finite elements [J]. Structure Safety，1986(7)：604－611.

[132] YAMAZAKI F, SHINOZUKA M, DASGUSPA G. Neumann expansion for stochastic finite element analysis [J]. J.Eng. Mec., ASCE, 1988(8):1335 - 1354.

[133] SHINOZUKA M, DEODATIS G. Response variability of stochastic finite element systems [J]. J. Engng Mech., ASCE, 1988(3): 499 - 519.

[134] 杨杰,陈虬.一种新型的随机有限元法[J].力学季刊,2004, 25(4):518 - 522.

[135] 杨杰,陈虬,高芝晖.基于 Hermite 积分的非线性随机有限元法[J].重庆大学学报,2003,26(12):15 - 17.

[136] 杨杰,陈虬. Legendre 积分法在随机有限元法中的应用[J]. 计算力学学报,2005,22(2):214 - 216.

[137] CORNELL C A. Bounds on the reliability of structural systems. Journal of structural Division[J]. ASCE, 1967 (1),93.

[138] DITLEVSEN O. Nallow reliability bounds for structural system[J]. Journal of structural Mechanics, 1979 (4): 453 - 472.

[139] MUROTSU Y. Reliability assessment of redundant structures[J]. proceedings 3rd international comference on structural safety and reliability Elsevier Amsterdam, 1981 (6): 315 - 329.